普通高等教育“十三五”规划教材·电子电气基础课程规划教材

电路基础实验教程

刘庆玲　荣海泓　主编

電子工業出版社
Publishing House of Electronics Industry
北京·BEIJING

内 容 简 介

本书是为适应课程教学改革的需要，针对新开设“电路基础实验”课程开发的对应教材。全书通过借鉴国内知名院校课程建设的优秀经验，参考国外同类实验教程的经典模式，国家级电工电子实验教学基地的实验室环境和先进实验室仪器仪表的硬件设施，严格按照新大纲的实验项目，精心撰写、选编而成。全书分两部分，共 10 章：第一部分为实验的基本信息及基础知识，主要介绍基本常识和常用元器件、常用仪器仪表电量测量技术及数据分析基础、实验室常用的电路仿真软件；第二部分为电路基础实验项目，重点介绍该课程开设的各实验项目，从基本必做实验到研究型进阶实验，从直流电路到交流电路，从稳态响应到动态电路，从定理验证到网络电路设计，最后是实验中出现的问题延展，包括思考与讨论。同时，附录中介绍了实验报告撰写规范和国际单位制。

本书适用于本科院校电子信息类及相关理工科专业的学生、电学理论的初学者和实践者、培训班的学员。

图书在版编目（CIP）数据

电路基础实验教程/刘庆玲，荣海泓主编. —北京：电子工业出版社，2016.6

ISBN 978-7-121-28619-3

I. ①电… II. ①刘… ②荣… III. ①电路－实验－高等学校－教材 IV. ①TM13-33

中国版本图书馆 CIP 数据核字（2016）第 082129 号

策划编辑：谭海平
责任编辑：谭海平
印　　刷：三河市鑫金马印装有限公司
装　　订：三河市鑫金马印装有限公司
出版发行：电子工业出版社
　　　　　北京市海淀区万寿路 173 信箱　　邮编：100036
开　　本：720×1000　1/16　印张：10.5　字数：202 千字
版　　次：2016 年 6 月第 1 版
印　　次：2024 年 7 月第 11 次印刷
定　　价：25.00 元

凡所购买电子工业出版社图书有缺损问题，请向购买书店调换。若书店售缺，请与本社发行部联系，联系及邮购电话：（010）88254888，88258888。

质量投诉请发邮件至 zlts@phei.com.cn，盗版侵权举报请发邮件至 dbqq@phei.com.cn。

本书咨询联系方式：（010）88254552，tan02@phei.com.cn。

前　言

随着教育改革的深入发展，实验教学越来越受到普遍重视，这也是科学与技术发展以及市场经济对人才需求发生变化的必然结果。电路基础实验是电类专业学生的第一门专业基础实验，它不但是专业技术能力的基础，也是学生日后走向社会，从事生产、科研等工作的基础。为此，编者通过总结多年来电路实验教学的经验，借鉴其他相关教材，结合教育改革发展新形势的需求，根据课程新大纲编写了本教程。本书的编写目的是指导学生完成电路基础和电工基础实验教学大纲要求的实验内容，实现电路基础实验的进阶式研究型开放教学，提高学生的实践经验与动手能力，给学生更多的独立思考空间，培养其创新精神。

本教程围绕实验目的，结合相关定理详细介绍了实验的基本原理，设计了具体的操作步骤及需掌握的实验测量方法。通过本书的学习，可以培养学生的操作技能并逐步积累实践经验。

本书分为两大部分。第一部分为第1～4章，主要介绍实验教学及操作的基本要求与基本知识，并介绍当前流行的电路仿真软件，为真实电路实验提供前瞻性的可操作仿真平台，丰富本书的实验内容和实验深度；第二部分为第5～10章，为电路基础（包括电工基础）实验内容，每章最后一节为实验延展，有的还附有参考实验电路图，赋予了学生更大的选择空间，使学生可自行选择，或根据学时需要加以取舍，为进阶式研究型教学的学习提供了丰富资源。

参加本书编写工作的有刘庆玲、荣海泓。刘庆玲编写了第1章、第3～4章、第6章及第9～10章与附录A和附录B，荣海泓编写了第2章、第5章与第7～8章，刘庆玲负责全书的统稿。席志红、黄丽莲、陈凯为本书的结构和内容的确立提出了宝贵的意见与建议，康维新、王霖郁、王伞为实验模型的最终确立进行了实践论证工作，王丽敏、焦罡为实验内容的研发提供了环境支持。

本书由哈尔滨工程大学刁秋庭老师担任主审，刁秋庭老师在百忙中抽出时间对本书进行了精心的审核，并提出了很多宝贵的意见和建议，他深厚的学术造诣和认真负责的科学精神，给我们留下了深刻的印象，在此深表感谢。

本书注重于电路基本知识的讲解以及实验内容的全面性，基本覆盖了电路理论课程的重要知识点。哈尔滨工程大学电路基础课程教学团队及电工电子实验教学中心的教师对本书的编写给予了多方面的指导并提出了宝贵的建设性意见，在此一并表示诚挚的谢意。

由于作者水平所限，加之编写时间仓促，书中错误、疏漏及不妥之处在所难免，敬请读者提出宝贵意见。

编　者

目 录

第一部分 实验的基本信息及基础知识

第二部分 电路基础实验项目

第一部分
实验的基本信息及基础知识

读书补天然之不足，经验又补读书之不足。

——培根

弗兰西斯·培根（Francis Bacon，1561—1626），英国哲学家、思想家、作家和科学家，被马克思称为“英国唯物主义和整个现代实验科学的真正始祖”。他在逻辑学、美学、教育学方面也提出了许多观点，他致力于新的学科的发展，坚持实验经验的可靠性，认为只有实验科学才能“造福人类”。培根思想的唯物主义倾向和科学实验，不仅对13～14世纪唯名论的兴盛有巨大影响，并且对近代欧洲的自然科学和唯物主义思想发展也有重大影响。著有《新工具》、《论说随笔文集》等。

第1章　电路基础实验概述

电路基础实验是电类专业的技术基础性实验，是走入工程实际的入门课程。在实验室这个模拟工程现场的场所内，学生们应学会连接电路，学会仪器与仪表的使用，学会排除简单的电路故障，充实自己在电路应用方面的空白，为以后的学习与工作奠定基础。

本章主要介绍电路基础实验的课程特点，以及学生进入实验室前应了解的常识、教学过程、用电安全及基本故障检测等内容。

1.1　实验课的特点、目的及意义

1.1.1　课程特点

电路基础实验属于工科范畴，是初学者应该掌握的课程。电路基础实验研究的对象是由电阻、电容、电感等元件组成的，反映单一功能的最基本的电路。

本课程除要求学生具有严谨的科学态度外，还应注重实用性，多从工程角度考虑问题，而这一点正是初学者头脑中所缺乏的。例如，用指针式仪表测量由小到大变化的电压或电流时，要注意改变仪表的量程，这时记录的多组数据，其有效数字不统一，而这在电路基础实验中是允许的。再如对测量数据的精度要求，物理学实验中，为了得到准确的结果，大多采用多次测量求平均值的方法来排除随机误差，以提高测量的准确度；而电路基础实验是从工程实际考虑的，只需满足使用要求即可，处理的多为一次性测量误差，有时甚至不需要给出具体值。

电路基础实验是将理论知识应用到实践中去的入门课程，通过本课程的学习，学生应掌握以下几个方面的知识和技能：

（1）实验的基本常识。

（2）常用电子仪器与电工仪表的正确使用及电路测量方法。

（3）电路基本元件的性能。

（4）电路理论的实践性学习及综合应用。

（5）实验报告的撰写。

1.1.2 实验课的目的和意义

电路基础实验是理论课程重要的实践性教学环节，实验的任务不仅是帮助学生巩固和加深理解所学的理论知识，更重要的是要训练学生的实验技能，培养创新的态度和意识，树立实际工程观念、严谨的科学作风和态度，使学生具备设计和实施电路工程实验的能力，具备科学探索的精神，并在设计和实施电路实验的过程中，综合考虑多方面的制约因素，能够运用电子电路的相关知识，分析、解决实际中遇到的问题。

一名工科专业的学生，大学四年中有很大一部分时间是进行实践性的学习，如做实验、课程设计及毕业设计等，而电路基础实验课是工科电类专业的第一门技术基础实验课。该课程学习的好坏，包括电路理论的巩固与扩展、实验仪器的使用、实验方法的掌握、实验操作习惯的培养等，将会影响到后续实践性课程的学习，因此对电路基础实验课应给予足够的重视。此外，开设该课程的另一个主要目的是，使学生可以通过该课程的学习，掌握基本的实践技能，并将所学理论应用到实际中，提高发现问题、分析问题和解决问题的能力；培养严谨、严肃、严格的科学态度以及踏实、认真的工作作风；树立灵活运用所学知识进行创新的主观意识。

1.2 实验项目的教学过程和要求

由于电路实验课以学生自己动手为主，教师指导为辅，因此根据本课程的特点，可将实验课按课前预习、课上操作及课后总结与提高（撰写实验报告）三个阶段来提出要求。

1.2.1 课前预习

任何一个电路基础实验项目都有其特定的实验目的，并以此目的提出实验任务。学生在预习时要掌握一定的实验基础知识，准确地应用基本理论，叙述清楚实验原理，综合考虑实验环境及实验条件，分析实验方案，了解实验方法及具体步骤，预测实验结果，写出预习实验报告。

1. 明确实验题目与实验目的

实验题目是对实验内容的高度概括，统领实验全过程。实验目的是依据不同的实验内容，对学生们提出所能达到的目标。通过实验题目和目标，学生应时刻明确自己在进行的是什么实验，要达到什么目的，并以此为中心开展一系列实验工作。

2．掌握实验原理并清楚实验内容

根据实验目的与实验内容，复习相关的基础理论知识，掌握本次实验中所用仪器设备的工作原理及使用方法等。根据实验内容要求，设计实验方案、实验步骤与记录表格等。必要时对预期的实验结果进行理论分析与计算，或进行计算机仿真，做到心中有数，以便在实验中及时发现与纠正错误，为顺利进行实验做好准备。

3．留意实验教程的提示与注意事项

实验中的提示可能是对实验难点的解释，或是对实验方法的补充说明，也可能是对实验技能的扩展。学生理解提示的意义后，会增加实验课的收获；注意事项是电路基础实验中特别强调的操作规程，一定要引起学生的高度重视并严格遵守，否则会造成实验失败甚至会发生实验事故，严重时会威胁到人身安全。

4．弄清实验思考题

思考题一般是对实验过程中应注意的操作要点、出现的实验现象及相关知识的扩展所提出的问题。在课前预习时，应仔细阅读这些题目，对操作重点应引起足够的重视，对所叙述的实验现象及扩展的问题寻找理论依据与答案。

5．预习报告的撰写

实验能否顺利进行并取得预期的效果，很大程度上取决于课前预习准备是否充分。而撰写预习报告的过程，既是检查预习报告的过程，也是实验前的准备过程。因此预习报告要写得具体、完整，要为本次实验制订出合理且可行的实验方案与具体、详细的实验步骤。实际操作时可按照预习报告中设计的方案及步骤有条不紊地进行。

总之，预习充分对实验能够起到事半功倍的作用。

1.2.2　课上操作

课上操作是将预定的方案付诸实施的过程。在详细的实验预习报告的指导下，有计划、有步骤地进行各种实际操作，以便取得预期的结果。在这一过程中，主要目的是锻炼学生的动手能力，培养学生的良好操作习惯，使学生通过不断的积累以获得丰富的实践经验。

1．实验元器件

电路基础实验中首先遇到的是实验元器件。电路基础实验涉及的元器件有：电阻器（其中二极管作为非线性电阻器来研究）、电感器（包括自感电感器和互感电感器）、电容器及运算放大器等。如前所述，实际器件不同于理想器件，对它的

描述除了标称值外，还有精度、额定功率、材质等，这些都需要在实验中了解与掌握。例如，对于色环电阻器，应了解其阻值与精度的表示方法；还要了解器件的温度系数。对于实际电感器，除其具有电感、电阻与精度外，还有额定功率的表示方法（电感器的额定功率是由电感器的额定电流来表示的）。而电容器的参数，除了电容量与精度外，同样有额定功率、耐压与材质的问题。制作的材质不同，其特性（如温度系数）与用途也完全不同。实验中应多注意了解和掌握这些常识。

2. 实验仪器与电工仪表

电路实验常用的电子仪器有直流稳压电源、直流稳流电源、信号发生器、示波器、交流电压表（俗称交流毫伏表或晶体管毫伏表）、频率计等。

直流稳压电源、直流稳流电源与信号发生器等，属于电路中的“源”，它们为电路提供正常工作的能量或激励信号。为了更好地完成这种功能，“源”的输出阻抗一般都很小（直流稳流电源是个例外，其输出端内阻很大）。示波器、交流毫伏表和频率计等测量仪器，属于电路中的“负载”。在对电路进行测量的同时，这些“负载”会从电路中吸收一定的能量。为了减小对被测电路的影响，通常测量设备的输入阻抗都很大。电工仪表有交/直流电流表、交/直流电压表、功率表和电度表等。电工仪器一般用来测量频率在 0～50Hz 范围内的电流、电压、功率及电能等物理量。

了解电子仪器与电工仪表的区别后，实验中就不会用错或损坏仪器设备；当自行设计实验时，也能够根据实验内容与特点准确地选择仪器与仪表。

3. 连接实验电路

正确连接实验电路是实验顺利进行并取得成功的第一步，也是初学者遇到的第一个困难。连接电路时需要注意以下三个方面。

（1）实验设备的摆放。实验用电源、负载、测量仪器等设备应摆放合理。遵循的原则为实验设备的摆放应使得电路布局合理、连接简单（连接线短且用量少），便于调整和读取数据等操作，设备的位置与各设备间的距离及跨接线长短应对实验结果的影响尽量小；对于信号频率较高的实验内容，还应注意干扰和屏蔽等问题。

（2）连接顺序。接线的顺序视电路的复杂程度和个人技术的熟练程度而定。一般来说，应按电路图一一对应接线。对于复杂的电路，应先连接最外面的串联回路，然后连接并联支路（先串联后并联）。对含有集成电器件的电路，应以集成器件为中心，按节点连接。同时要考虑元器件及仪器仪表的极性，考虑参考方向及公共参考点等与电路图的对应位置。为确保电路各部分接触良好，每个连接点不要多于两根导线。导线与接线柱的连接松紧要适度；避免因用力过度而损坏接线柱；连接过松会引起接触不良或导线脱落等现象的发生。

（3）连线检查。对照电路图，由左至右或由电路图上有明显标志处（如电源的“+”端）开始，以每个节点上的连线数量为依据，检查实验电路对应的导线数，不能漏掉图中哪怕很小、很短的一根连线。图物对照，以图校物。对初学者来说，电路连接检查是比较困难的一项工作，它既是电路连接的再次实践，又是建立电路原理图与实物之间内在联系的训练与转化过程。对连接好的电路做细致的检查，是保证实验顺利进行及防止事故发生的重要措施；同时要通过电路的检查工作来进一步锻炼自己，学会电路原理图这种“语言”的应用，提高对实际电路的认知能力。

4．安全操作

电路基础实验中的安全操作应做到以下两点。

（1）“源”输出幅度的调整。在接通电源前，要保证“源”特别是带有功率输出信号的输出幅度为零。接通电源后，逐渐增加电压与电流的幅度；同时注意观察各仪表的显示是否正常，量程是否合适，负载工作状况是否正常，电路有无异常现象（如响声、冒烟、异味等）。若有异常情况，应立即切断电源并保护现场，仔细检查事故发生的原因。

（2）实验操作中需拆除或改装电路时，必须首先切断电源，再进行拆、改工作。实验结束后，电源设备输出都调为最小值（或空），再拆去实验电路，坚决杜绝带电操作。

5．数据的读取与记录

电路基础实验的特点是在实验中获得并记录一些实验数据。首先应根据实验要求做预测性的工作。接通电源后进行一次“粗测”，观察实验数据的变化与分布规律及结果是否合理。依据具体情况做必要的调整后，再进行正式的实验操作和数据的记录工作。在测量数据时，要做到读数姿势正确，思想集中，防止误读，指针式仪表应看清楚指示的刻度，使针、影重叠成一条线；将数据记录在事先准备好的表格中，并记录所用仪表的量程、内阻等测量条件，以便在数据处理或核对时使用。记录数据的多少可根据其变化的快慢而定，变化较快或剧烈处可多取一些数据，以保证数据能够全面记录实验对象的变化规律。有效数字的取舍应根据实验数据的数量级与仪表的量程、表盘的刻度等实际情况综合考虑，记录数据的最后一位有效数字为估计值（欠准数据）。

测试完毕后，应认真检查实验数据有无遗漏或不合理的情况，在保证所记录的数据合理、可信或经教师检查签字后，方可拆除电路并整理好实验台，将实验装置及仪器等摆放整齐，以养成良好的工作习惯。

6. 实验课笔记

一次科研工作，要有大量的科研记录。实验课也是如此，不仅应对实验数据进行记录，同时对本次实验中出现的一些问题也应如实记录，以便于课后总结与提高。例如，实验中对原定方案的修改、操作中出现的新问题、采用的新方法与心得体会、所犯的错误、发生的事故及失败的原因等应逐一记录。在实验中要做到脑勤、手勤，要善于发现问题、捕捉实验中的“蛛丝马迹”，这对于自身实践能力的提高是很有好处的。

1.2.3 课后总结与提高

实验后要写出实验报告，这是一项很重要且很有意义的工作，是对实验课学习过程的全面总结。

实验报告的内容一般应包括：实验目的，实验原理（包括实验电路图），实验内容，所使用仪器设备的规格型号，操作过程，原始数据的处理，误差分析，注意事项，实验课笔记的整理与经验及体会的总结，回答思考题，对本次实验的意见和建议等。

对实验数据处理要充分发挥曲线和图表的作用，并根据原始数据实事求是地填写。误差计算与分析要细致并切合实际，不能简单地用“仪器误差”、“视觉误差”、“接触电阻”等笼统的语言来分析误差的原因。若确实因“仪表”及“视觉”等误差影响了实验结果的精度，也应根据仪表的等级、刻度盘的分格等计算出误差值，用详实的数据来佐证结论的正确性。实验课的收获与心得体会要实事求是地撰写，不要空洞无物，也不要过于宏观或给出敷衍了事的结论。有些思考题是电路理论或实验内容的扩展或延伸，有一定的难度，此时可以查阅有关的参考书或找指导老师答疑。

总之，一份好的实验报告应该是内容完整、层次分明、条理清晰、简明扼要、字迹工整、实验结果明确、图表曲线符合规范、归纳总结正确、可信度高的科技论文的雏形。

1.3 供电和安全用电

1.3.1 电子仪器的供电与接口

电子仪器中的电子元件只有在稳定的直流电压下才能正常工作。直流电压通常是将交流电压 220V/50Hz 经变压器降压后，再通过整流、滤波及稳压而得到的。交流电压 220V/50Hz 一般由三芯电源引入电子仪器，如图 1.1 所示。三芯电源插头的中间插针与仪器的金属外壳连接在一起，其他两针分别与变压器一次绕组的两端相连。这样，当电源插头接到实验台的三芯插座上后，仪器的外壳就与保护地连接在一起，变压器一次绕组也连接到了相线和零线上。

根据电子仪器的功能不同，有向外输出电能的，如电源和信号源等；有吸收电能的，如示波器、交流电压表等。无论是输入还是输出电能，其对外接口大多采用接线柱或连接器（普通仪器多用 BNC 插座）的形式。直流稳压电源一般用 3 种不同颜色（红、黑、蓝等）的接线柱输出，通常红色为电源正极，黑色为电源负极，蓝色或绿色（或棕色）为保护地线。在这些接线柱附近分别标有符号“＋”、“－”和接地符号“⊥”。交流信号源通常为红、黑两接线柱输出，红色为信号输出端，标有符号“＋”，黑色与仪器外壳直接连接，标有符号“⊥”。而用连接器对外接口时，通常将插座的外导体（外层金属部分）直接固定在仪器的金属外壳上，作为信号的参考电位端；插座的内导线（中心线）接信号的另一端——信号的输出端或输入端，并与外导体绝缘。

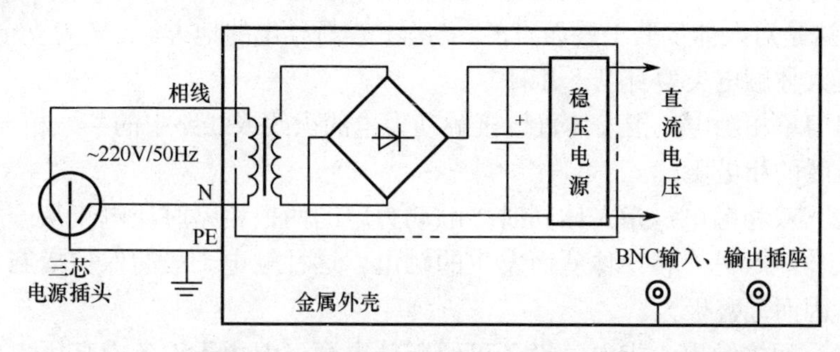

图 1.1　电子仪器电源引入及保护地接金属外壳示意图

实验室所用连接器的导线多为同轴电缆线。电缆线的内导体一端接 BNC 插头的中心端，另一端接一红色线夹；电缆线的外导体（网状屏蔽线）一端接 BNC 插座的金属外壳，另一端接一黑色线夹。将 BNC 插头与插座连接后，红色线夹与插座中心线连接，黑色线夹与仪器外壳连接。由此可见，实验室的测量系统是以 PE（接地）为参考点的测量系统。若不以 PE 为参考点，就需要将仪器改为两芯电源插头，或者将三芯电源线的接地线断开，否则就要采用隔离的技术。

当测量仪器的金属外壳均与信号源的金属外壳相连接时，称为“共地”——电路系统拥有一个共同的地。共地系统有两种组合方式：一种是将所有仪器的金属外壳均与 PE 相连；另一种是将所有仪器的金属外壳连接在一起，但与 PE 断开。例如，将所有仪器均接入多功能排插座上，但多功能排插座的电源插头为两芯，这样各仪器的外壳通过多功能排插座的中间孔连接起来，即实现了脱离地线的局部“共地”。这时各种仪器外壳是连接在一起的，但与地线是断开的。

当测量仪器或信号源使用两芯电源线时，不能组成共地系统，这种情况称为悬地式，简称浮地。当电压测量仪器处于悬浮状态时，可以测量任意支路的电压；而在共地情况下，只能测量各点相对于地的电位，通过计算两点的电位差来得到支路电压。

值得注意的是，对于同一台仪器，如果没有浮地功能，其所有的BNC插座的金属外壳都是连接在一起的，如双踪示波器的两输入端接口。因此，所有黑色线夹只能接在同一参考点，或者一个接在参考点上，其余处于悬空状态。测量高频信号时建议采用前者，悬空的线夹容易引入干扰。

1.3.2 安全用电

触电是指人体触及带电体后，电流对人体造成的伤害。人体对流经肌体的电流所产生的感觉，随电流的大小而不同，伤害程度也不同。一般情况下，通过人体的电流为50mA以上时，就有生命危险，因此通常把36V作为安全电压，这是对人体皮肤干燥而言的。潮湿、容易导电的地方，12V为安全电压。实验室人体触电类型有以下几种。

（1）单相触电：指人体直接接触动力电的火线或线路中的某一相导体时，人体承受的相电压。

（2）双相触电：指人体同时接触动力电的两根相路时，电流从一相导体通过人体流入另一相导体从而发生的触电。这种触电一般的保护措施都不起作用，因而危害极大。

（3）间接触电：指电气设备已经断开电源，但由于设备中高压大电容量的电容的存在而导致的触电。这类触电容易被忽视，要特别注意。

为防止触电事故的发生，应采取保护措施。一般采用接地保护和使用漏电保护装置。电气设备接地的形式有两种：一种是经各自的PE线（接地线）分别直接接地，即保护接地；另一种是设备的外露可导电部分经公共的PE线或PEN线（中性线、接地线）接地，也称保护接零。

1. 保护接地

保护接地就是把电气设备的金属外壳用导线和埋在地中的接地装置连接起来。为保证接地效果，接地电阻应小于4Ω。采取保护措施后即使外壳因绝缘不好而带电，工作人员碰到外壳就相当于人体与接地电阻并联，而人体的电阻远比接地电阻大，因此流过人体的电流极为微小，这样就保证了人身安全。此种安全措施适用于系统中性点不接地的低压电网。

根据接地保护形式的不同，低压配电系统可分为 TN 系统、TT 系统和 IT 系统。

（1）TN 系统：把变压器低压侧中性点直接接地，再从接地点引出中性线 N（俗称零线）。系统中，所有用电设备的金属外壳、构架均采用保护接零方式。在 TN 低压供电系统中，当电气设备发生漏电、绝缘损坏或单相电源与设备外壳、构架短路时，零线短路的较大故障电流，可使线路上的保护装置动作，切断故障线路的供电，保护人身安全。

（2）TT 系统：把变压器低压侧中性点直接接地，再从接地点引出中性线 N。系统中，所有用电设备的金属外壳、构架均采用保护接地方式。

（3）IT 系统：变压器低压侧中性点不接地或经高阻抗接地。系统中，所有用电设备的金属外壳、构架均采用保护接地方式。

在 TT、IT 低压供电系统中，当电气设备发生漏电或单相电源对设备外壳短路时，如果流向接地体的故障电流足够大，线路上的保护装置动作，切断故障线路上的供电；若流向接地体的故障电流不足以使保护装置动作时，由于人体电阻远大于保护接地的电阻，所以可以避免接触人员的触电危险。

2. 保护接零

保护接零就是在电源中性点接地的三相四线制中，把电气设备的金属外壳与中线连接起来。此时，如果电气设备的绝缘损坏而碰壳，由于中线的电阻小，所以短路电流很大，立即使电路中的熔丝烧断，切断电源，从而消除触电危险。这种安全措施适用于系统中性点直接接地的低压电网。

在变压器低压侧中性接地点引出的中性线 N 的作用是：可供系统内单相用电设备用电；把系统内三相电源中的不平衡电源和单相用电电流，流回变压器低压侧中性点；减小因三相用电负荷的不平衡而造成的电压偏移。

按照电工操作规程，两芯插座与动力电的连接要求是左孔接零线（N），右孔接相（火）线（L）。三芯插座除了按左“零”右“相”连接之外，中间孔接地线（PE），即“左零右相中间地”。因此实验室的供电系统也称为“三相五线制”，此系统中 PE 线与零线 N 始终是分开的，平时 PE 线上无电流通过，只有在设备发生漏电或单相电源对金属外壳短路时，才会有故障电流流过，因此使得用电系统的可靠性、安全性、电磁抗干扰性方面得到了进一步的提高。

3．漏电保护器工作原理及组成

漏电保护器是一种在负载端的相线与地线之间发生漏电或人体发生单相触电事故时，能自动瞬间断开电路，对电气设备和人身安全起到保护作用的电器。用电设备金属外壳通过三孔插座的接地孔与保护地线相连接。相线与机壳短路等漏电情况发生后，在短路处相线与保护地线构成电流闭合回路。这时回路阻抗很小，短路电流很大，短路电流为

$$I_k = U / Z_d$$

式中，I_k 是相线与机壳短路电流（A）；U 是相电压（V）；Z_d 是零线阻抗与接地电阻之和（Ω）。I_k 可使漏电保护器的保护开关跳闸，切断电源回路，达到安全保护的目的。

漏电保护器主要由零序电流互感器、信号放大器、漏电脱扣线圈、脱扣机构、主控开关及测试按钮等部分组成，如图 1.2 所示。漏电保护器是根据基尔霍夫电流定律的原理而设计的：任一时刻流入（或流出）任一节点的支路电流代数和等于零。负载的相线与零线均穿入零序电流互感器中。正常工作时，相线与零线电流的代数和等于零，在互感器铁芯中感应的磁通量之和也为零。零序电流互感器的二次绕组（脱扣线圈）无信号输出，主控开关处于闭合状态，电源向用电设备供电。一旦设备发生接地故障，如设备绝缘损坏造成漏电，或相线碰到机壳，或未与大地处于绝缘状态的人触及相线，这时将有一部分电流（即 I_k）从保护地线中流出。此时回路中电流的代数和不再为零，通过相线的电流大于通过零线的电流，两者之差在零序电流互感器的铁芯中产生磁通，使二次绕组产生感应电压，迫使脱扣线圈励磁，强令主开关跳闸，切断供电回路，达到保护设备或人身安全的目的。

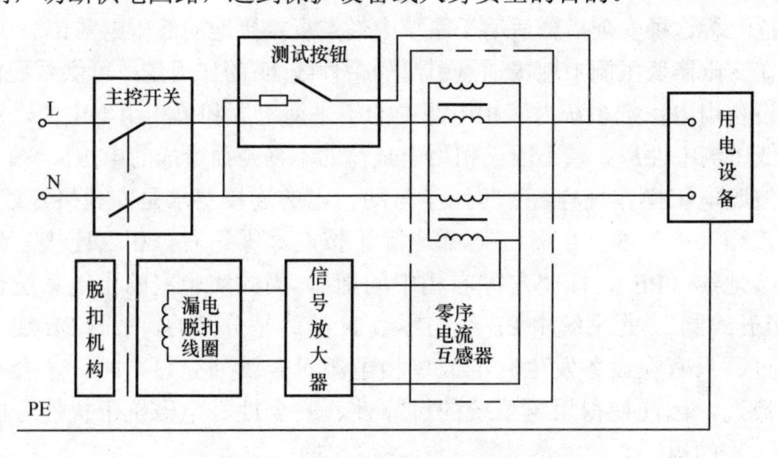

图 1.2　漏电保护器的组成示意图

4．注意事项

安全用电是实验课中始终要注意的一个重要问题。实验中一定要确保人身安全和仪器设备的安全。为了保证安全用电，防止触电事故的发生，实验中应该注意以下几点。

（1）识别相线和零线，最简单的办法是用验电笔来测试。验电笔由金属探头、氖管、电阻（其阻值大于 1MΩ）、尾部金属等组成。使用时只要将手指与笔的尾部金属接触，将金属探头放到电源插孔里面即可。这时电源从金属探头、氖管、电阻、尾部金属及人体到大地构成回路。若是相线，氖管发光；若是零线，氖管不发光。

（2）检查所有仪器电源线有无破损。使用电烙铁进行焊接时，应使电烙铁远离所有电源线等物体，避免烧坏绝缘皮层造成漏电伤人以及引起火灾等事故的发生。

（3）实验操作时，严格按照用电安全规则操作。接线与改线或拆线都必须切断电源。这不仅是对使用动力电时的要求，也是对 36V 以下弱电实验的要求，因为虽然此时对人身无危险，但带电操作会使实验中的元器件损坏。应养成“先接线后通电，先断电后拆线”的良好习惯。

（4）强电实验中，严禁通电情况下人体接触裸露的金属部分及仪器的外壳。虽然仪器的外壳已经接地，但也不要随意用手接触。因为一旦身体其他部位意外触及相线，通过手与机壳的接触构成回路，也能造成触电事故。

（5）每台仪器只有在额定电压下才能正常工作。电压过高或过低都会影响仪器的正常工作，甚至烧毁仪器。我国生产并在国内销售的电子仪器多采用交流 220V/50Hz 供电，在一些进口或外销的电子产品中，有“220V/110V”的电源选择开关，通电前一定要将此开关置于与供电电压相符的位置。另外，还应注意仪器的用电性质，即是交流电还是直流电，不能用错。若用直流供电，除电压幅度满足要求外，还要注意电源的正、负极性。

1.4　电路常见故障及其检测

在实验操作过程中，不可避免地会出现各种各样的故障现象，检查和排除故障是学生必备的实验技能。

1.4.1　常见故障及其产生的原因

实验故障根据其严重性一般可分两大类：破坏性故障和非破坏性故障。

破坏性故障可造成仪器仪表、元器件等损坏。非破坏性故障的现象是电路中电压或电流的数值不正常或信号波形发生畸变等。故障诊断的一般过程是：从故障现象出发，做出分析判断，逐步找出故障原因。常见故障如下：

（1）人为引起的故障。

（2）仪器仪表故障。

（3）器件损坏或导线接触不良。

1.4.2 故障排除的基本方法

1. 直接观察法

直接观察法是指不使用任何仪器，只凭人的视觉、听觉、嗅觉以及直接碰摸元器件作为手段来发现问题，寻找和分析故障。直接观察法包括通电前检查和通电观察两个方面。

实验中，绝大多数是操作错误造成的简单故障。虽然从表面上看是粗心大意造成的，但实质上是预习不充分，对实验环境和实验内容不熟悉所致。所以，要做好课前预习，有备而来，稳稳当当地逐步操作。电路搭接完成后，不要急于通电，要对电路图进行认真检查。

2. 用仪器仪表检查

元件损坏、导线内部断线、接触不良以及连线错误造成的故障，一般需要借助于仪器或仪表及学生们的经验来检查和判断。使用仪器或仪表检查，分为断电检查（电路测量）和通电检查（电压测量）两种方法。当实验产生短路、冒烟、异味等破坏性故障时，必须采用断电检查来排除故障。

3. 电阻测量法

关掉实验电路中的电源，按照实验原理电路图，对实验电路的每部分用万用表欧姆挡测量电阻值，或使用蜂鸣器挡测量其通断。包括每根导线、导线与电源、导线与元件之间的连接点都要一一认真检查。根据被测点的阻值大小或蜂鸣器的报警情况找出故障点。

4. 电压测量法

在工频和直流实验中，若实验电路工作不正常，但不是破坏性故障时，可以接通电源，用万用表的电压挡，对每个节点进行检查，根据被检查点电位的高低找出故障点。一般从电源电压查起，首先查看电源电压是否正常，若电源输出不正常，应去掉外电路，单独查看电源的输出；电源输出正常后，电路工作仍不正常，可用万用表的黑表笔接电源参考地点，红表笔逐一检查每个节点与参考地点之间的电位，对照实验原理图，判断该点的电位是否正确。

在信号频率较高的实验中，可利用示波器观测各节点的电压波形来查找故障点。黑色线夹始终与电压参考点相连接，用红色线夹观测各节点或元器件引脚的信号波形或工作电压是否正常，通过分析、判断，找出原因，排除故障。

总之，故障检查中，根据理论进行分析后，对电路各部分工作状态应头脑清楚，对所检测的每个点，应当是通还是断，电位是高还是低，做到心中有数，这样才能做到对故障点的判断准确无误。对于复杂的故障，则需要采用多种方法，互相补充、互相配合，才能找到故障点。

练习与思考

1. 在电路实验课中要掌握哪些内容和本领？
2. 当实验中产生冒烟或异味等故障时，为什么要采用电阻测量法排除故障？

第2章 常用电路元器件和仪器仪表

本章主要介绍常用电路元器件的认知，以及实验室常用实验设备和仪器仪表的基本使用方法。

电阻、电容和电感器件是构成各种电路的最基本的元器件，因各自具有独特的电压、电流约束关系，所以在电路中承担不同的作用。实际电路中，电阻、电容和电感器件因电路种类、使用环境和器件参数的不同而具有多种表现形式。正确地认识和了解常用电路元器件的种类、参数、特性和作用，对于实际电路的设计、分析具有重要意义。

正确使用实验设备和仪器仪表是实验顺利进行的前提，了解和掌握设备和仪器仪表的功能、特点和性能指标，有助于对实验数据和现象的分析。

2.1 常用电路元器件

2.1.1 电阻器件

电阻器件通常简称为电阻器，在电路中主要起降压或分压、限流或分流、负载以及阻抗匹配等作用，是电路中使用最多的电路器件。

1. 分类

（1）按结构形式分为固定电阻器、可变电阻器

固定电阻器的阻值是固定不变的。常见的固定电阻器如图2.1所示。

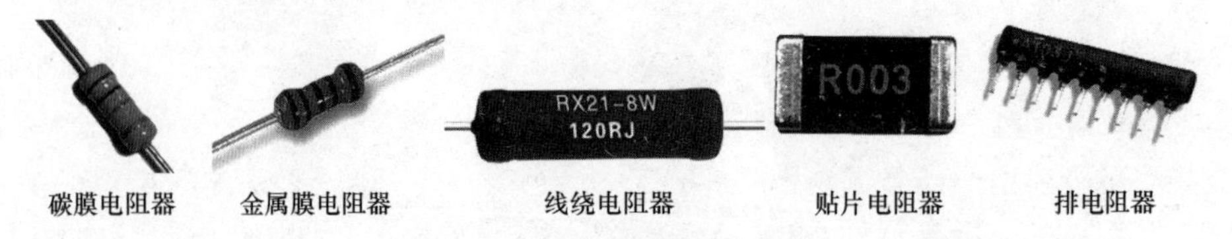

图2.1 常见的固定电阻器

可变电阻器也称为电位器，其阻值可在一定范围内进行调节。常见的可变电阻器如图2.2所示。

图 2.2　常见的可变电阻器

（2）按材料分为薄膜型、合成型、合金型电阻器

①薄膜型电阻器是用类蒸发的方法将一定电阻率的材料蒸镀于绝缘材料表面制成的，有碳膜、金属膜、金属氧化膜、玻璃釉膜等。其中碳膜电阻器成本低，稳定性差，误差大，多用于要求不高的场合。与碳膜电阻器相比，金属膜电阻器体积小，噪音低，稳定性好，但成本较高，一般用于精度要求较高的场合。

②合成型电阻器是由颗粒状导体、填充料和黏合剂等材料混合并热压成型后制成的。因黏合剂的不同分为有机实芯和无机实芯。有机实芯电阻器有较强的抗负荷能力，无机实芯电阻器温度系数较大，但阻值范围较小。

③合金型电阻器采用合金为电流介质，具有低阻值、高精密、低温度系数、耐冲击电流、大功率等特点，主要用于电流采样或短路保护。

（3）按特征分为普通型、精密型、高阻型、高压型、高频型、功率型、特殊型电阻器

特殊型电阻器主要指电阻器阻值因外部条件的影响而按照某种规律变化。如压敏、光敏、气敏、热敏电阻器等，其阻值会随压力、光照、气体浓度、热度而发生变化，并将这种变化反映成电信号，从而实现各种物理量的采集、测量。常见的几种特殊电阻器如图 2.3 所示。

国标 GB/T2470-1995 给出了电子设备用固定电阻器型号的命名方法。产品型号一般由四部分组成：

第一部分用字母表示产品主称。电阻器用 R 表示。

第二部分用字母表示产品的材料，即电阻器的导电材料（见表 2.1）。

第三部分一般用数字表示特征分类，个别类型用字母表示（见表 2.1）。

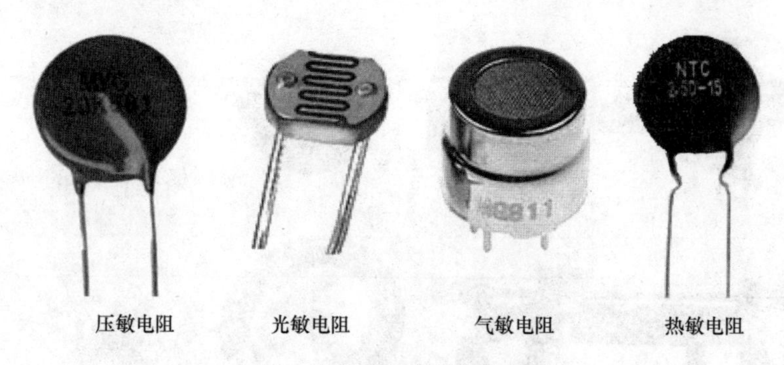

图 2.3　常见的特殊电阻器

表 2.1　电阻器型号命名规则

第二部分		第三部分	
符　号	意　义	符　号	意　义
H	合成膜	1，2	普通
I	玻璃釉膜	3	超高频
J	金属膜（箔）	4	高阻
N	无机实芯	5	高温
S	有机实芯	7	精密
T	碳膜	8	高压
X	线绕	9	特殊
Y	氧化膜	G	高功率

第四部分用数字表示序号，以区别产品外形尺寸和性能指标。对材料、特征相同，仅尺寸、性能指标略有差别但基本不影响互换的产品给同一序号；如果差别已明显影响互换时，在序号后边用一字母作为区别代号。

例如，电阻器型号 RJ71 表示精密金属膜电阻器，未尾的 1 表示产品序号。

2．主要参数

（1）标称阻值

标称阻值是指电阻器上所标示的阻值。标称值是按照国家规定的标准化数值生产的一系列电阻值，不同系列的电阻器其标称值不同。国家统一规定了 E192、E96、E48、E24、E12 和 E6 共 6 个系列、42 组电阻值，分别对应于 6 种不同精度等级的电阻器件。表 2.2 列出 3 个常用系列电阻器的标称值。

表 2.2 常用系列电阻器的标称值

电阻器系列	精度等级	电阻器标称值/Ω
E24	I	1.0 1.1 1.2 1.3 1.5 1.6 1.8 2.0 2.2 2.4 2.7 3.0 3.3 3.6 3.9 4.3 4.7 5.1 5.6 6.2 6.8 7.5 8.2 9.1
E12	II	1.0 1.2 1.5 1.8 2.2 2.7 3.3 3.9 4.7 5.6 6.8 8.2
E6	III	1.0 1.5 2.2 3.3 4.7 6.8

表 2.2 中的阻值可乘以 10^N（N 是整数），例如 1.1 包括 1.1Ω、11Ω、110Ω、1.1kΩ、11kΩ、110kΩ、1.1MΩ等阻值。电路设计时，电阻值应尽量选择标称值系列的电阻器，以方便采购。

（2）允许误差

允许误差是指标称阻值与实际阻值间的最大允许相对误差。允许误差的大小代表了电阻器的精度等级。常见的精度等级与允许误差对应关系如表 2.3 所示。

表 2.3 电阻器精度等级与允许误差间的对应关系

精度等级	005	01	02	I	II	III
允许误差	±0.5%	±1%	±2%	±5%	±10%	±20%

允许误差在±1%以下为精密型电阻器，根据需要生产，市售的电阻器精度等级一般为 I、II、III 级。

（3）额定功率

额定功率是指在规定的气压、环境温度条件下，电阻器长期工作所允许耗散的最大功率。超过额定功率时，电阻器的阻值将发生变化甚至发热烧毁。电路设计时应计算电阻器消耗的实际功耗，并留有一定的裕量，一般额定功率为设计值的 2～3 倍。

电阻器的额定功率也采用标准化的额定功率系列值。常用的有 1/20W、1/8W、1/4W、1/2W、1W、2W、5W、10W 等系列。1/8W 以下为微型电阻器，2W 以上多为绕线电阻器。

（4）温度系数

温度系数是指电阻器阻值随温度的变化率，单位为Ω/℃。温度系数越小，电阻器的稳定性越好。阻值随温度升高而增大的为正温度系数，反之为负温度系数。

（5）电压系数

电压系数是指在规定的电压范围内，电压每变化 1V，电阻器阻值的相对变化量。电压系数越大，电阻器对电压的依赖性越强。

（6）极限电压

极限电压是指电阻器长期工作不发生过热或电击穿损坏等现象的最高电压。

（7）高频特性

同一电阻器在通过直流电和交流电时，所测得的电阻值是不相同的。电阻器在高频电路中使用时，必须考虑其引线电感和分布电容的影响。此时电阻值会随频率而变化，不能简单地用标称阻值来表示。

3. 电阻值的标注

（1）直标法

功率较大的电阻器直接用数字和单位符号表示标称阻值，用百分比表示允许误差。例如 22kΩ ± 5%，若未标出允许误差，则均为±20%。

（2）文字符号法

用数字和字母按规律组合表示标称阻值和允许误差，如表 2.4 所示。

表 2.4　电阻值的符号含义

单位字母	R	K	M	G	T	
表示电阻单位	Ω	10^3Ω	10^6Ω	10^9Ω	10^{12}Ω	
误差字母	D	F	G	J（I）	K（II）	M（III）
表示允许误差	±0.5%	±1%	±2%	±5%	±10%	±20%

单位字母所在位置代表小数点，最后的字母表示允许误差。例如：R3K 表示 0.3Ω，允许误差为±10%；4K7J 表示 4.7kΩ，允许误差为±5%。

（3）数码法

用 3 位数字表示标称阻值，允许误差用文字符号表示。数字从左到右，前两位为有效数字，第三位代表有效数字后面零的个数，单位为Ω。例如，123 表示 12kΩ。

（4）色标法

对于功率在 1/8～1/4W 间的电阻器，一般用不同颜色的色环表示标称阻值和允许误差，如表 2.5 所示。

表 2.5　色环与电阻值和允许误差的对应关系

颜色	黑	棕	红	橙	黄	绿	蓝	紫	灰	白	金	银	本色
数值	0	1	2	3	4	5	6	7	8	9			
乘方数	10^0	10^1	10^2	10^3	10^4	10^5	10^6	10^7	10^8	10^9	10^{-1}	10^{-2}	
允许误差/%		±1	±2			±0.5	±0.25	±0.1			±5	±10	±20

普通电阻采用 4 环表示，精密电阻用 5 环表示。

当电阻为 4 环时，前两环为有效数字，第三环代表乘方数10^N（N 为整数），表示有效数字后面零的个数，第四环为金色或银色，表示允许误差；当电阻为 5 环时，前三环为有效数字，第四环代表乘方数10^N（N 为整数），表示有效数字后面零的个数，第五环表示允许误差；一般来说，表示误差的最末色环与表示数值的色环间存在一定距离。例如，“红红棕 金”表示 220Ω ± 5%，“橙蓝绿红 棕”表示 36.5kΩ ± 1%。

2.1.2　电容器件

电容器件通常简称为电容器，是能够存储电场能量的电路器件。电容电压具有记忆性，不能突变，常用来实现稳压功能。电容电流与其端电压的变化率成正比，体现出器件通过交流、隔断直流信号的能力。这些特点使得电容器在电路中有更为广泛的用处。例如，在电子电路中实现滤波、耦合、旁路、去耦、调谐和延时功能，在小功率电源电路中做备用电源，在计算机电路中做动态存储器等。

1. 分类

（1）按结构形式分为固定电容器、微调电容器和可变电容器

固定电容器的电容量是固定不可调的。图 2.4 所示为几种不同材料的固定电容器。

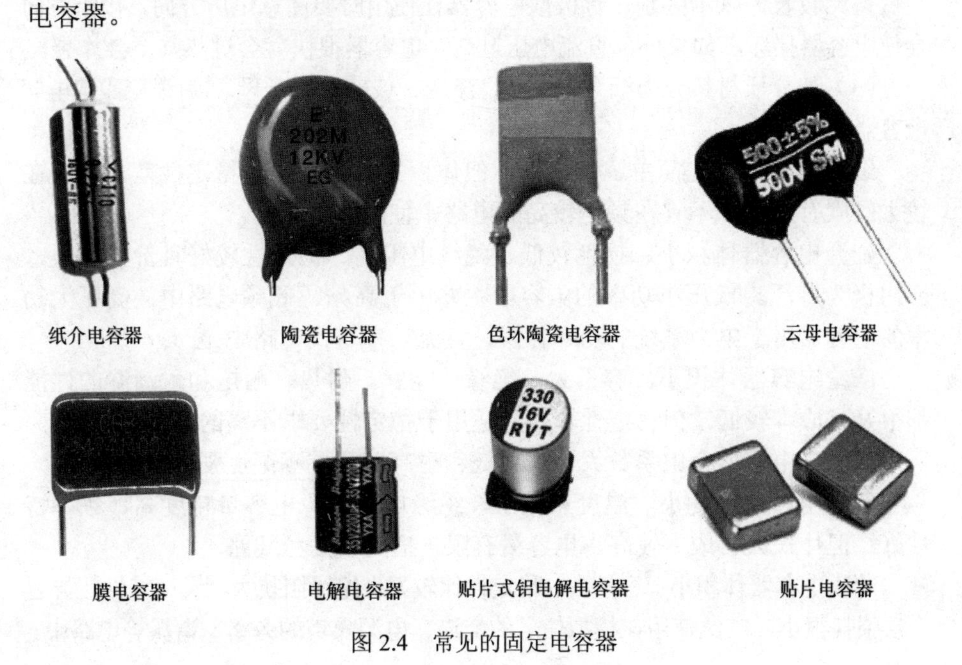

图 2.4　常见的固定电容器

微调电容器的容量可在小范围内变化，可变容量为十几至几十皮法（pF），适用于电容量不需要经常改变的场合。可变电容器的电容量可在一定范围内连续变化，适合于电容量经常调整和变化的场合，例如调谐电路。图 2.5 所示为几种微调和可变电容器。

微调电容器　　可变电容器

图 2.5　几种微调和可变电容器

（2）按介质种类分为有机介质、无机介质、空气介质、电解质介质电容器

用有机介质、无机介质和空气介质生产的电容器对使用电压的方向没有要求，是无极性的电容器，一般电容量较小（1μF 以下）。

以电解质为介质的电容器称为电解电容器，电解电容器一般电容量较大（1μF 或更大电容值），是只能按照一个电压方向使用的电容器，即是有极性的电容器。电解电容会在外壳上接近引线处标明电容的极性，并将正极性的引线做得比较长，以示区别。有极性电容器在使用时要注意电压方向，接错方向会使电容器损坏，如果外部直流电压过高，电容器很快就会过热甚至会炸裂。

（3）按介质材料分为纸介、瓷介、涤纶、玻璃釉、云母、薄膜、铝/钽电解电容器等

纸介电容器工艺简单、价格低，但体积大、损耗大、稳定性差，且存在较大的固有电感，不宜在频率较高的电路中使用。

瓷介电容器体积小、损耗较低、绝缘电阻高、稳定性较好且价格低廉，应用极为广泛。低压小功率的电容器主要用于高频、低频电路中；高压大功率的电容器用于电力系统的功率补偿、直流功率变换电路中。

涤纶电容器体积小，容量大，绝缘性能好，耐热、耐压和耐潮湿的性能都很好且成本较低，但稳定性较差，适用于稳定性要求不高的电路。

玻璃釉电容器介电系数大、损耗低、耐高温、抗潮湿性强。

云母电容器损耗小、温度系数小、绝缘电阻大、电容量精度高、频率特性好，但体积大、成本较高、电容量有限，适用于高频线路。

薄膜电容器体积小、容量大、稳定性比较好、绝缘阻抗大、频率特性优异且介质损耗很小，广泛使用在模拟信号的交连、电源噪声的旁路、谐振等电路中。

铝电解电容器容量大、价格便宜，但绝缘电阻低、漏电流大、频率特性差，且容量与损耗随环境和时间的变化而变化，温度过低或过高的情况下，长时间不用还会失效（存储寿命小于5年），铝电解电容一般使用在要求不高的低频、低压电路中。

钽电解电容器的电荷存储能力高、漏电流极小、误差小、寿命长，温度特性、频率特性和可靠性都较铝电解电容要好，但价格昂贵，适用于高精密的电子电路。

（4）按用途的不同分为实现隔直、旁路、耦合、滤波、调谐等作用的电容器

国标 GB/T2470-1995 给出了电子设备用固定电容器的型号命名方法。产品型号一般由四部分组成：

第一部分用字母表示产品主称。电容器用C表示。

第二部分用字母表示产品的材料，即电容器的介质材料（见表2.6）。

第三部分、第四部分的含义与电阻器相同。

例如，电容器型号CA11A表示箔式钽电解电容器，末尾两位1A表示产品序号和区别代号。

表2.6 电容器型号命名规则

第二部分		第三部分				
符号	意 义	符号	瓷介电容器	云母电容器	有机电容器	电解电容器
A	钽电解	1	圆形	非密封	非密封（金属箔）	箔式
B	聚苯乙烯等非极性有机薄膜	2	管形（圆柱）	非密封	非密封（金属化）	箔式
C	1类陶瓷	3	叠片	密封	密封（金属箔）	烧结粉非固体
D	铝电解	4	多层（独石）	密封	密封（金属化）	烧结粉固体
E	其他材料电解	5	穿心		穿心	
G	合金电解	6	支柱		交流	交流
H	纸膜复合	7	交流	标准	片式	无极性
I	玻璃釉	8	高压	高压	高压	
J	金属化纸	9			特殊	特殊
L	聚酯等极性有机薄膜	G	高功率	高功率	高功率	高功率
N	铌电解					
O	玻璃膜					
Q	漆膜					
S	3类陶瓷					
T	2类陶瓷					
V	云母纸					
Y	云母					
Z	纸					

2. 主要参数

（1）标称容量

标称容量是指电容器上标示的电容量。与电阻器的标称系列相同，国家对电容器统一规定了 E24、E12 和 E6 共 3 个系列的标称容量，分别对应于 I、II、III 精度等级的电容器。电容器系列标称容量具体见表 2.2。表中电容量值的单位是 pF，可乘以10^N（N 是整数）。不同类型的电容器其容量只在一定范围内变化，如云母电容器的容量一般在 1000pF 以下，而电解电容器的容量起码在 1μF 以上。

一般电容器的精度等级为 I、II、III 级。电解电容器标称容量为 E6 系列，对应的精度等级为 IV、V、VI 级，对应的允许误差分别为（+20%～-10%）、（+50%～-20%）、（+50%～-30%）。电解电容器的容量值取决于其在交流电压下工作时所呈现的阻抗，随着工作频率、温度、电压及测量方法的变化，电容值将有变化。

（2）额定工作电压

额定工作电压是指在最低环境温度和额定温度之间的任一温度下，可连续加在电容器上的最大直流电压或最大的交流电压有效值。电容器的额定工作电压是一项重要指标，在产品上均有标注。常用电容器的直流工作电压为 6.3V、10V、16V、25V、40V、63V、100V、160V、250V 和 400V。

超过额定工作电压将导致电容器击穿，使电路不能正常工作，甚至损坏其他元器件。实际使用时电容器的额定工作电压应高于实际电压的 1～2 倍。对电解电容，一般应使实际电压为额定工作电压的 50%～70%，才能充分发挥电解电容的作用，如实际电压低于额定工作电压的一半，反而容易使电解电容器的损耗增大。

（3）绝缘电阻

绝缘电阻，也称为漏电阻，是指电容器两端所加直流电压与漏电流之比。绝缘电阻包含两部分电阻，一是电容器内部介质的电阻，二是绝缘外壳的电阻。这两种电阻都是并联在电容器两电极之间的。电容器的绝缘电阻主要由介质的电阻决定。

绝缘电阻越大越好，一般达兆欧（MΩ）级，通常为几百兆欧至几千兆欧。优质电容可达到太欧级（$1\text{T}\Omega = 10^{12}\Omega$）。

（4）损耗角正切值 $\tan\delta$

理想电容器是一个储能元件，不消耗功率，而一个实际电容器在交流电路中会产生一定的功率损耗，损耗的大小用损耗角正切值 $\tan\delta$ 表示。损耗角正切值 $\tan\delta$ 为电容消耗的有功功率和无功功率的比值，也是电容器品质因数

Q 的倒数。$\tan\delta$ 越小，品质因数越大，损耗越少，电容器的质量越高。

（5）高频特性

电容器在高频使用时，介质损耗、引线电感和引线电阻不能忽略。随着频率的上升，一般电容器的电容量呈现下降的规律。当电容器工作在自谐振频率以下时，表现为容性；当超过其自谐振频率时，表现为感性，此时就不是一个电容而是一个电感，因此一定要避免电容工作于谐振频率以上。

3．电容量的标注

（1）直标法

直标法是指将电容器的标称容量、耐压等参数直接印在电容器表面，如 47μF25V。如果整数位为 0，常把整数位的 0 省去，例如.02μF 表示 0.02μF。

容量较小的电容器直接用数值表示标称容量而不标明单位。数值为整数时，默认单位是 pF，数值为小数时，默认单位是 μF，例如 2200、0.022 分别表示 2200pF、0.022μF。

（2）文字符号法

文字符号法是指用数字和字母按规律组合来表示标称容量和允许误差，如表 2.7 所示。

表 2.7　电容量值的符号含义

单位字母	F	m	μ	n	p
表示电容单位	F	10^{-3}F	10^{-6}F	10^{-9}F	10^{-12}F

误差字母	D	F	G	J（I）	K（II）	M（III）
表示允许误差	±0.5%	±1%	±2%	±5%	±10%	±20%

单位字母所在位置代表小数点，最后的字母代表允许误差。例如，p10K 表示 0.1pF，允许误差为±10%；6n8M 表示 6.8nF，允许误差为±20%。

（3）数码法

用 3 位数字表示标称容量，数字从左到右，前两位为有效数字，第三位表示有效数字后面零的个数。电解电容器的单位为 μF，其他电容器的单位为 pF。例如，陶瓷电容器 471 表示 470pF。第三位如果为 9 则表示10^{-1}，例如陶瓷电容器 479 表示 4.7pF。

在贴片或小型电解电容器上也有用两位数字和 R 表示电容量的，此时默认单位为 μF。R 代表小数点，例如 R15 表示 0.15μF。

（4）色标法

电容器的色标法有多种形式。如果是 5 位色标，则第 1 位较宽大，表示温度系数，中间 3 位表示电容量，第 5 位表示误差；如果仅有 1 位色标，则仅表示温度系数；如果是 3 位色标，则表示电容器的电容量，其中色标的含义与电阻器的色标相同，参见表 2.5。3 位色标从电容顶端向引线方向，前两位为有效数字，第三位代表乘方数10^N（N 为整数），表示有效数字后面零的个数，单位为 pF，例如“红红棕”表示 220pF。有效数字如为相同色标，则会涂成一个较宽的色标。

2.1.3　电感器件

电感器件通常简称为电感器，是能够存储磁场能量的电路器件。电感电流具有记忆性，不能突变，常用来实现稳流功能。电感电压与电流的变化率成正比，与电容器刚好相反，体现了通过直流、阻碍交流信号的能力。这些特点使得电感器在调谐、振荡、耦合、匹配、滤波、陷波、延迟、补偿及偏转等电路中获得广泛应用。

实际的电感器因体积、价格、不易集成等因素，使用范围较电阻器和电容器要小得多。但电感器具有的电磁转换能力是它们无法取代的。例如，接触器、继电器、电机、变压器、互感器、麦克风、扬声器等诸多电器设备中都会用电感的电磁转换能力来实现电路的控制或电磁信号的传递。

1．分类

（1）按结构形式分为固定电感器、可变电感器

电感器一般用绝缘导线绕制在绝缘管上制成，称为绕线式电感器。因制作工艺不同也有非绕线式电感器，例如多层片状电感器、印刷电感器。绝缘管可以是空心的，也可以是磁性材料制成的。

固定电感器的电感量不可调整。可变电感器又分为磁芯可调、铜芯可调、滑动接点可调、串联互感可调和多抽头可调电感器。常见的几种电感器如图 2.6 所示。

图 2.6 中的互感器和变压器是应用互感作用的电感器件，其他器件是应用自感作用的电感器件，也称自感器件。

（2）按绕线形式分为单层密绕式、单层间绕式、多层平绕式、多层蜂房绕式电感器

单层绕制电感器的电感量较小，一般在几微亨至几十微亨之间，通常用于高频电路。当电感量大于 300μH 时，应采用多层绕制电感器。多层绕制电感器线圈匝间、层间有分布电容，同时层间电压相差较多，当线圈两端有高电压时，容易造成层间绝缘击穿。为此，常采用蜂房方法分段绕制，这样既解决了分布电容大的问题，也提高了线圈的抗压能力。

图 2.6　常见电感器

（3）按材料可分为空心、铁芯、铁氧体芯（磁芯）、铜芯电感器

空心电感器导磁率低，电感量较小，一般用在高频电路中。如果提高电感量，则会增大体积和成本。

铁芯、铁氧体芯属于软磁材料，导磁率高，不但提高了电感量和品质因数，同时也减小了体积、损耗和分布电容。铁芯电感器一般用于低频电路中，磁芯电感器用于频率较高的电路中。

铜芯电感器主要应用在超短波范围，利用旋转铜芯在线圈中的位置改变电感量。

（4）按用途的不同分为实现滤波、阻流、振荡、偏转、调谐、陷波、隔离、补偿、延迟等作用的电感器

电感器与电阻、电容器件组合，可实现不同类型的滤波器，例如电源（工频）滤波器、高频滤波器等。

电感器用做阻流，也称阻流圈、扼流圈。主要用来限制交流电流的变化、阻碍交流电流通过电路。

电感器与可变电容器组成振荡电路，例如半导体收音机中的本机振荡电路、电视机中的自激振荡电路。

电感器作为电视机扫描电路输出级的负载，分为行偏转线圈和场偏转线圈。利用电感器的磁场作用控制电子束的扫描运动方向。

与电阻器、电容器不同，不同种类的电感器型号的命名规则并没有统一的国标。一般情况下，固定电感器型号由四部分组成，各部分的含义如下：

第一部分为主称，常用 L 表示电感线圈，ZL 表示阻流圈。

第二部分为特征，常用 G 表示高频。

第三部分为类型，常用 X 表示小型。

第四部分为区别代号，如 LGX 即为小型高频电感器。

实际使用中电感器型号的含义以各厂家产品手册为准。

2. 主要参数

（1）标称值

电感器的标称值系列不如电阻器和电容器那样丰富和统一，除少数产品（如实验室用的精密电感器、中周线圈、扼流圈等）外，一般没有通用的系列产品。一些小功率电感器、贴片电感器和色环电感器基本采用 E12 系列的标称值生产。

（2）额定电流

电感器长期工作而不损坏所允许通过的最大电流称为额定电流。电感值越大，其对应的额定电流越小。如果工作电流大于额定电流，电感未必会损坏，但电感值可能低于标称值。对高频电感器和大功率谐振线圈而言，当超过额定电流时，电感器会发热甚至烧毁。通常用字母 A、B、C、D、E 分别表示额定电流值 50mA、150mA、300mA、700mA、1600mA。

（3）品质因数 Q

品质因数 Q 是电感器的感抗与其等效电阻的比值，是衡量电感器质量的重要参数。Q 值与导线直流电阻、介质损耗、屏蔽罩或铁芯引起的损耗和高频集肤效应的影响因素有关。也可以用电感器的无功功率和有功功率的比值来表示，电感等效电阻越大，损耗越大，品质因数 Q 越小。电感器的 Q 值通常为几十到几百。

（4）分布电容

电感器线圈的匝间、线圈与屏蔽罩间、线圈与底板间存在的电容称为分布电容。分布电容的存在使得 Q 值减小，稳定性变差，分布电容越小越好。

（5）稳定性

稳定性是衡量电感器的一个重要指标。稳定性表示在温度和湿度的影响下，电感器的电感量和品质因数改变的程度。

（6）高频特性

电感器在低频时主要体现储能和过滤高频的特性，随着频率的增高，电感器存在的损耗电阻、分布电容等因素对电感器性能的影响不能忽视。电感在高频工作时有效感抗下降，损耗增大，品质因数降低。

当电感器工作频率低于自谐振频率时，电感值保持稳定；接近自谐振频率时电感值迅速增加；继续增大频率时，电感值将急剧减小，器件逐步呈现电容性。电感值越大，其对应的自谐振频率越小。实际中应选择自谐振频率点高于工作频率的电感。

3．电感量的标注

（1）直标法

将标称电感量用数字和单位符号直接标在电感器外壁上，如 560μHK 表示 560μH，字母 K 表示允许误差为±10%。末尾表示允许误差的字母与允许误差的对应关系如表 2.8 所示。

表 2.8　允许误差与字母的对应关系

字母	B	C	S	D	F	G	H	J	K	L	M	V	N
允许误差	±0.15nH	±0.2nH	±0.3nH	±0.5nH	±1%	±2%	±3%	±5%	±10%	±15%	±20%	±25%	±30%

（2）文字符号法

与电阻器、电容器类似，将电感器的标称值和允许误差用数字与文字符号按一定的规律组合标示在电感体上。通常一些小功率电感器采用这种标示方法，其单位通常为μH，用 R 代表小数点。如单位为 nH，用 N 所在位置代表小数点。例如，R33 表示 0.33μH，4R7 表示 4.7μH，4N7 表示 4.7nH。

（3）数码法

用 3 位数字表示电感量，常用在贴片电感上。数字从左至右，前两位为有效数字，第三位为有效数字后面零的个数。默认单位是μH。例如 330 表示 33μH；331 表示 330μH。

（4）色标法

与电阻器类似，在电感器表面涂上不同的色环来代表电感量，色标含义与电阻的色标相同，参见表 2.5。通常用 4 个色环表示，紧靠电感体一端的色环为第一环，露着电感体本色较多的另一端为末环。前两环依次是有效数字，第三环代表乘方数10^N（N 为整数），表示有效数字后面零的个数，第四环为允许误差，单位为μH。例如，“棕黑金 金”表示 1μH，允许误差为±5%。

2.2 常用仪器仪表的使用

2.2.1 HY1711-3S 双路直流稳压电源

1．功能和性能指标简介

直流稳压电源是能够为电路提供稳定直流电压的电源设备。直流稳压电源的供电电源为交流电源，在交流电源的电压出现波动或电路负载变化的情况下，直流稳压电源的输出电压都必须保持稳定，为电路的正常工作提供基本的保障。

HY1711-3S 双路直流稳压电源能够为电路提供两路稳定的直流电源，输出直流电压和电流的大小在一定范围可调，且两路电源间既可以独立工作，也可以串并联使用或处于跟踪模式，为电路提供正负对称的直流电压。

HY1711-3S 的主要性能指标如下：

输入电压（AC）：220V±10%　50Hz±5%

输出电压（DC）：0～30V

输出电流（DC）：0～3A

指示仪表精度：±1%±2 个字

2．操作面板介绍

实验设备的使用和功能的实现基本上都通过设备的操作面板完成。HY1711-3S 双路直流稳压电源的操作面板如图 2.7 所示。

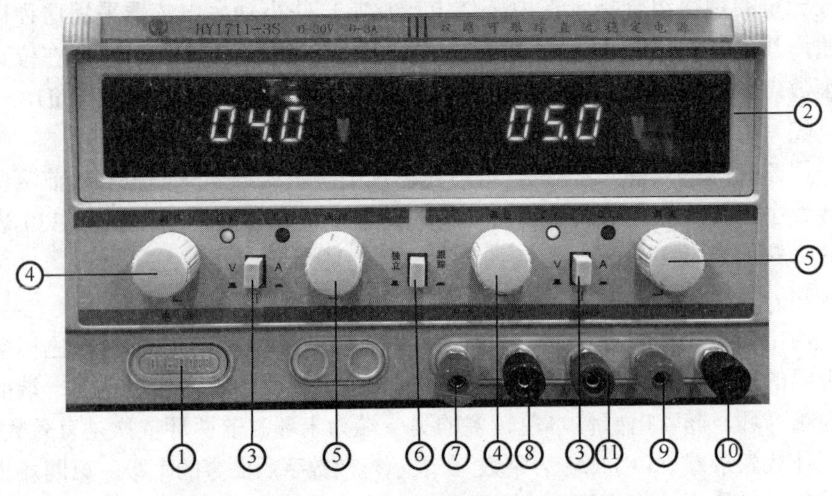

图 2.7　HY1711-3S 双路直流稳压电源的操作面板

操作面板各部位说明如下：

① 电源按钮：整机电源开关。

② 输出显示：显示直流电源的输出电压或电流值。

③ V/A 切换按钮：决定指示仪表所显示的内容是输出电压值还是电流值。

④ 调压旋钮：可在 1～30V 范围内调节电压源输出的直流电压。

⑤ 调流旋钮：可在 0～3A 范围内调节电压源输出的直流电流。

⑥ 独立/跟踪按钮：按钮弹起时为独立模式，此时左右两路电源可各自独立调节输出；按钮按下时为跟踪模式，也称主从模式，此时左侧为主路电源，输出可自由调节，右侧为从路，其输出随主路同步变化，失去独立调节输出的功能。此模式适合需要对称双极性电源供电的电路。

⑦、⑧和⑨、⑩分别为左侧和右侧直流电源的正负极输出端子。

⑪ 保护接地端子：该端子与机壳连接，作为保护接地端，与两路电源的输出端没有电气联系。

3. 使用方法及注意事项

（1）使用方法

① 独立模式下输出电压调节

选择独立模式→电源输出端开路状态下，按下电源按钮→使指示仪表显示输出电压值→旋转调压旋钮至所需直流电压值→关闭电源按钮→在电源输出端接入负载电路→打开电源按钮。

在独立模式下，两路独立电源可根据需要进行串联和并联连接。

如负载电路需要的工作电压超过 30V，则可在初次接通电源按钮前，将两路电源输出端串联，即将输出端子⑧和⑨短接，此时⑦和⑩分别作为直流电源的正负极输出端子，输出端子间电压为两个指示仪表示数之和。通过串联最大可以获得 0～60V 范围内的可调直流电压。

如负载电路需要的工作电流超过 3A，则可将两路独立电源并联。在并联前首先使两路独立电源的输出电压值相等，然后关闭电源，将两路电源输出端并联，即将输出端子⑦和⑨短接，作为直流电源的正极输出端；将输出端子⑧和⑩短接，作为直流电源的负极输出端。接入负载电路后再次接通电源，输出端子间电流为两个指示仪表示数之和。通过并联最大可以获得 0～6A 范围内的可调直流电流。

② 跟踪模式下输出电压调节

选择跟踪模式→将两路电源的输出端子按图 2.8 进行连接→电源输出端开路状态下，按下电源按钮→使指示仪表显示输出电压值（如 5V）→旋转左侧调压旋钮至所需直流电压值→关闭电源按钮→在电源输出端接入负载电路→打开电源按钮。此时⑧、⑨端子短接后作为公共输出端，⑦和⑧端子分别为图 2.8 所示的对称正负电压的输出端。

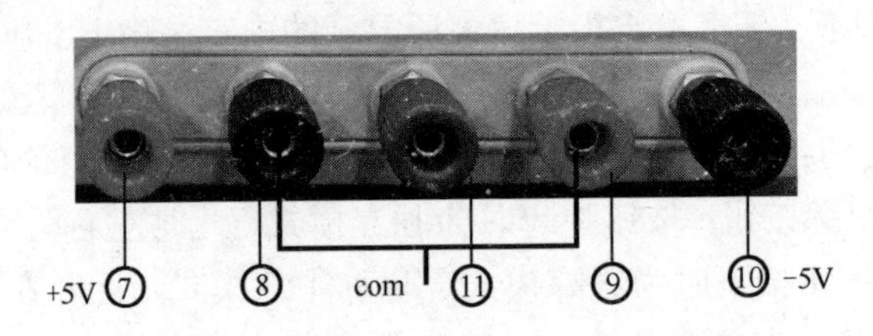

图 2.8　跟踪模式时电源输出端子的连接

③ 输出电流调节

输出电流调节可用来设定电源输出的最大电流值，当负载电流达到或超过设定值时，输出电流将恒定在设定值，同时输出电压下降，对负载和电源自身起到保护作用。

输出电流值的设定与电压调节不同。下面以独立模式下左侧电源的输出电流设定为例说明操作过程：

选择独立模式→将左侧电源的⑦、⑧输出端子短路→按下电源按钮→使指示仪表显示输出电流值→旋转调流旋钮至所需直流电流值→关闭电源按钮，拆除⑦、⑧输出端子间的短路线→左侧电源输出最大电流值设定完毕。

（2）注意事项

稳压电源的使用要遵循一定的操作顺序。养成良好的操作习惯，对于减少实验设备、实验电路的故障和损坏以及保障操作者的人身安全具有重要意义。

① 未明确电源输出电压前不能将电源直接接入负载电路

负载电路正常工作要满足额定电压和额定电流的要求，而稳压电源开机后会直接输出上次关机前的电压值，该电压值如过高很可能会损坏负载电路，所以要首先在电源空载状态下调节输出电压至负载所需电压值，关闭电源。之后接入负载电路，重新启动电源。

② 不带电改接电路

实验电路需要改接时，应先切断电源再进行，以防止误操作引起电路故障和触电事故。

③ 电压源输出端禁止短路

尽管电源设备有限流、短路保护等各种保护措施，但这种故障状态是要尽量避免的。保护措施只是保障设备不发生重大损坏，但保护电路的元器件本身可能因此而损坏（比如保险丝熔断），进而影响设备的正常使用。

2.2.2 TFG3050L DDS 函数信号发生器

1．功能和性能指标简介

函数信号发生器是能够为电路提供各种形式电信号的电源设备，也可简称为信号源。信号源在电子电路的工作、测量和调试过程中有着广泛的应用。在测试电路元器件或系统的各种特性（如幅度特性、频率特性、传输特性）和电参数时常用信号源做激励。

TFG3050L DDS 函数信号发生器是采用直接数字合成（DDS）技术的多功能双路输出信号源，可在 50MHz 内提供多达 12 种信号波形的输出，且配有 USB 接口和 RS-232 接口，可与计算机配合实现程控测量。

TFG3050L DDS 的主要性能指标如下：

频率范围：A 路　0～50MHz（正弦波、方波、脉冲波）

　　　　　B 路　10μHz～5MHz（正弦波）；10μHz～500kHz（其他波形）

频率准确度：$\pm(5\times10^{-5}+10\mu Hz)$

幅度范围：2mVpp～20Vpp（高阻，频率＜40MHz）；6Vpp（高阻，频率＞40MHz）

幅度准确度：±(1%＋2mV)（高阻，有效值，频率 1kHz）

脉冲宽度范围：100ns～20s

脉宽准确度：$\pm(5\times10^{-5}+10ns)$

输出阻抗：50Ω

2．操作面板介绍

TFG3050L DDS 的操作面板如图 2.9 所示。面板左侧为显示区，显示仪器的工作状态和设置的参数。面板右侧为操作区和输出区，仪器的功能选择和参数设置及信号输出都在该区域完成。

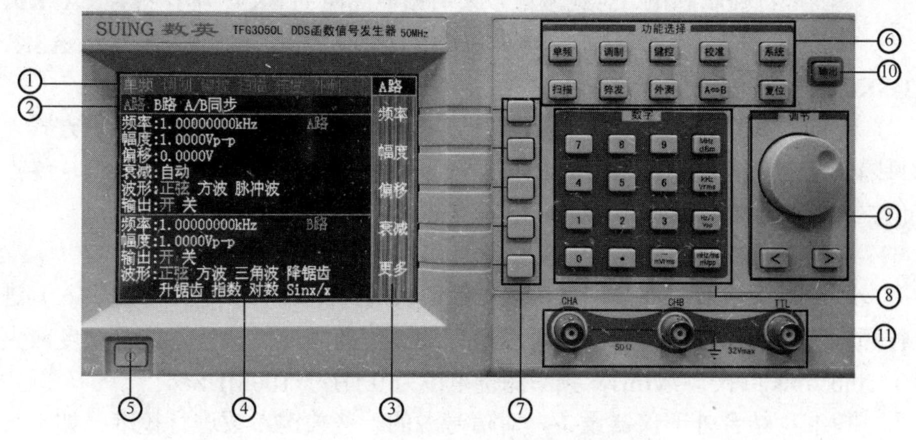

图 2.9　TFG3050L DDS 的操作面板

（1）显示区

① 主菜单：显示信号源的6个功能项。包括单频、调制、键控、扫描、猝发、外测。反亮内容为被选择的功能。

② 二级菜单：显示主菜单中所选功能项的子菜单。子菜单内容随所选功能项的不同而不同。反亮内容为被选中的子菜单项。

③ 三级菜单：显示被选中的功能项或其子菜单项可设置的参数。参数因功能项和子菜单项的不同而不同。

④ 主显示区：显示仪器当前输出的波形参数和输出状态。

图2.9中显示的为系统默认的开机界面，即开机系统默认单频功能，A、B路均处于输出状态，可输出峰峰值为1V、频率为1kHz的正弦波。三级菜单内容为A路可设置的各参数。

（2）操作区

⑤ 电源按钮：信号源整机电源开关。

⑥ 功能选择区：

单频：单频时，二级菜单为A路、B路、A/B同步。A、B路参数可分别设置和输出。A路波形有正弦波、方波、脉冲波；B路波形种类丰富，有正弦波、方波、三角波、锯齿波、阶梯波等11种波形。A/B同步时，两路输出均为正弦波。A路为基波，B路为A路的谐波信号，谐波次数最大为10次。当A、B路信号频率相同时，相位差在0～360°间可调。

调制：调制方式分为调幅（AM）和调频（FM）。调制状态下，A路为已调制载波信号，B路为调制信号（调制信号可由仪器后面板的“调制输入”端引入外部调制信号）。一般载波频率应比调制频率高10倍以上。

键控：键控状态下，对载波信号采用频移键控（FSK）、幅移键控（ASK）、开关键控（OSK）、相移键控（PSK）方式进行编码调制，相应输出FSK、ASK、OSK、PSK调制信号。

扫描：扫描分为扫频和扫幅两种方式。输出信号的扫描采用步进方式，每隔一定的时间，输出信号自动增加或减少一个步长值。扫描始点值、终点值、步长值和每步间隔时间都可由用户来设定。

猝发：可以输出一定周期数的脉冲串。猝发功能没有二级菜单。

外侧：可以对外部信号（由仪器后面板的“测频/计数输入”端引入）进行频率测量或计数。外部信号可以是任意波形的周期性信号，信号幅度应大于50mVrms，小于7Vrms，频率测量范围为0.1Hz～100MHz。

校准：结合外部仪器设备，对信号源的一些关键参数进行校准。如不具有必备的仪器设备，不要随意校准。

系统：进入系统设置状态，主要用来设置系统开机状态、程控接口、存储功能。信号源可以通过仪器后面板的 USB 接口或 RS-232 接口与计算机相连接，通过计算机实现程控测量。信号源提供 10 组信号参数的存储空间，存储的信号可随时调用。仪器出厂设置也可以在存储位置调出，使仪器恢复出厂时的校准数据。

复位：将信号源复位到默认开机界面。

A⇔B：选择设置 A 路或 B 路状态。

⑦ 参数选择区：5 个空白按键与三级菜单项目对应，设置哪个项目只需按下对应按键即可。三级菜单中多于 5 个的项目隐藏在更多中。

⑧ 参数设置区：包括数字键、小数点键和单位键。设置某参数时先输入数值，然后以相应的单位键结束设置。

MHz/dBm 中的 dBm 表示幅值为功率电平（分贝毫伏或分贝毫瓦）。

kHz/Vrms 中的 Vrms 表示信号有效值。

Hz/s/Vpp 中的 Vpp 表示信号峰峰值。在参数单位为个、度数、%、dB 时，作为结束键。

–/mVrms 在偏移量设置时输入负号。

⑨ 调节区：设置数值时，按 < 和 > 移动光标位置，再通过调节旋钮调节相应位置数值，适合于参数值需要连续调整的情况；输入数字时，按 < 执行删除操作；主菜单选择某功能后，按 < 和 > 或通过调节旋钮可在二级菜单中选择项目。

⑩ 输出：决定输出端是否输出设置好的信号。当输出端关闭时，即使设置好参数也没有信号输出。

（3）输出区

⑪ 依次为 A 路、B 路、TTL 输出端。TTL 输出端会输出与 A 路同频的峰峰值为 5V 的方波信号。

3. 使用方法及注意事项

（1）使用方法

信号源最基本的使用方法就是对输出信号的参数进行设置。下面以在 A 路输出频率 1kHz、峰峰值 2V、位移 1V 的方波为例，介绍信号源的基本操作。

信号源开机，显示系统默认的开机界面，如图 2.9 所示。波形设置步骤如下：按单频→按 A⇔B 选择 A 路→A 路菜单项选频率→按 1 kHz/Vrms （设置频率）→A 路菜单项选幅度→按 2 Hz/sVpp（设置幅度）→A 路菜单项选偏移→按1 Hz/sVpp（设置位移）→A 路菜单项选更多→选波形→按< 和> 或旋转调节旋钮选方波（设置波形）→按输出→屏幕上 A 路输出显示开。波形设置完毕。

A 路菜单项中，频率和周期共用 1 个空白键，重复按键可在频率和周期之间切换。

对于需要连续调节的参数，可利用调节区的<、>和调节旋钮来实现。例如，要求上例中的方波信号频率在 1～5kHz 间连续变化，增量为 100Hz，则操作步骤如下：

A 路菜单项选频率→按<、>使光标移到频率值的百位数→转动调节旋钮→频率数值按 100Hz 增长，并能连续进位。移动光标位置可实现频率值的粗调或细调。周期、幅值等参数都可以进行这样的连续调节。

（2）注意事项

① 信号源幅度设定值是在输出端开路时校准的，输出负载上的实际电压值为幅度设定值乘以负载阻抗与输出阻抗的分压比。信号源的输出阻抗为 50Ω，当负载阻抗足够大时，分压比接近于 1，输出阻抗上的电压损失可以忽略不计。但当负载阻抗较小时，输出阻抗上的电压损失已不可忽略，负载上的实际电压值与幅度设定值是不相符的。

② 信号源的开机界面因系统菜单中开机状态的设置而显示不同内容。若开机状态设为默认，则显示图 2.9 所示的默认开机界面；若开机状态设为存储 1，则选择存储 1 中存储的波形参数及界面。

③ 信号源 A、B 路输出具有过压和过流保护功能，输出端短路几分钟或反灌电压小于 32V 时一般不会损坏，但应尽量防止这种情况的发生，以免对仪器造成潜在的损伤。

2.2.3 FLUKE15B+数字式万用表

1. 功能和性能指标简介

万用表是最常用、最基本的多功能电路测量仪表，对于电压、电流、电阻等基本电量和参数的测量是万用表必备的性能。根据型号的不同，还可以配置不同的扩展功能，如二极管、三极管、电容、电感等参数测量。按照工作原理的不同，万用表分为模拟（指针）式万用表和数字式万用表。

FLUKE15B+是美国福禄克公司生产的一款显示位数 4000 字的高性价比数字式万用表，可对交/直流电压、交/直流电流、电阻、电容、二极管等电量和元件参数进行较高精度的测量。

FLUKE15B+数字万用表的主要性能指标如表 2.9 所示。

表 2.9　FLUKE15B+数字万用表的主要性能指标

功　能	最大量程	精　度
交流/直流电压（V）	1000V	交流±(1.0% + 3)；直流±(0.5% + 3)
交流/直流电压（mV）	400.0mV	交流±(3.0% +3)；直流±(1.0% +10)
交流/直流电流（A/mA/μA）	10.00A/400.0mA/4000μA	±(1.5% + 3)
电阻（Ω/kΩ/MΩ）	400.0Ω	±(0.5% + 3)
	400.0kΩ	±(0.5% + 2)
	40.00MΩ	±(1.5% + 3)
电容（nF/μF）	400.0nF	±(2% + 5)
	1000μF	±(5% + 5)
频率范围	交流电压 40～500Hz；交流电流 40～400Hz	
输入阻抗	交/直流电压（V）> 10MΩ，< 100pF	
	交/直流电压（mV）> 1MΩ，< 100pF	

2．操作面板介绍

FLUKE15B+数字万用表的操作面板如图 2.10 所示。从上至下依次为显示区、功能转换区和输入端子区。各部位名称及功能如下：

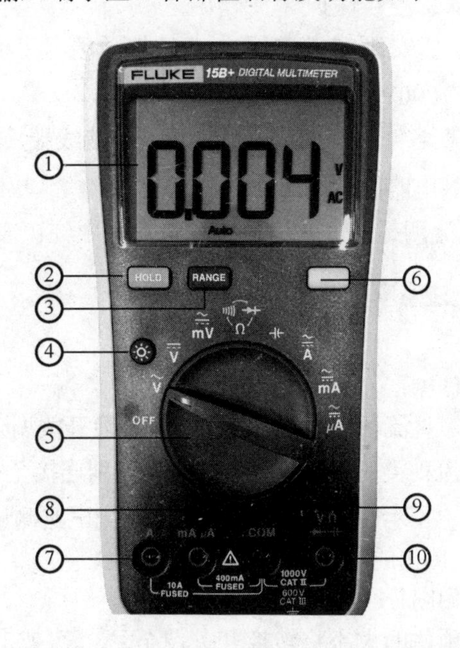

图 2.10　FLUKE15B+数字万用表的操作面板

① 显示屏：显示测量数据种类（交流、直流）、数值、单位和仪表状态。

② HOLD：数据保持按钮。按 HOLD 保持当前读数。再按 HOLD，恢复正常操作。

③ RANGE：量程切换按钮。仪表有自动量程和手动量程两个选项。在具有多个量程的测量功能中默认使用自动量程，并在屏幕上显示 Auto。在自动量程模式下，仪表会自动为检测到的输入选择最佳量程。如要进入手动量程模式，可按 RANGE，在屏幕上显示 Manual。在手动量程模式下，每按一次 RANGE 将会按增量递增量程。达到最高量程时，仪表会回到最低量程。如要退出手动量程，可按住 RANGE 两秒时间。

④ ☼：显示屏背照灯按钮。背照灯将会在仪表处于非活动状态 2 分钟后自动关闭。如要禁用背照灯自动关闭功能，可在开机时按住该按钮，直至屏幕显示 LoFF 时为止。

⑤ 功能转换开关：万用表各种功能的切换开关。

⑥ 黄键：在功能转换开关处于具有复用功能的挡位时（如 $\widetilde{\overline{\text{mV}}}$ 是交/直流 mV 电压共用的挡位），黄键 会在交流 mV 和直流 mV 间做切换。

⑦ A◎：测量安培级电流时红色表笔接线端。最高可测量 10A 电流，有 11A/1000V 的快熔式保险丝保护。

⑧ mAμA◎：测量毫安级或微安级电流时红色表笔接线端。最高可测量 400mA，有 440mA/1000V 的快熔式保险丝保护。

⑨ COM◎：万用表各测量功能的公共（返回）接线端。测量时接黑色表笔。在直流测量中接被测电路的负极。

⑩ VΩ◎：除电流测量外，其他所有测量功能中红色表笔接线端。

3．使用方法及注意事项

（1）使用方法

① 测量交/直流电压

根据待测电压交/直流种类和预估的大小将转换开关调至 $\widetilde{\text{V}}$、$\overline{\text{V}}$ 或 $\widetilde{\overline{\text{mV}}}$ 挡位→利用 黄键 切换交/直流种类→将红色和黑色表笔分别连接至 VΩ◎ 和 COM◎ →将两表笔探针并联在待测支路两端以测量两端电压（直流电路测量红色表笔接电路正极）→读取显示屏上测出的电压值。

② 测量交/直流电流

根据待测电流预估的大小将转换开关调至 $\widetilde{\overline{\text{A}}}$、$\widetilde{\overline{\text{mA}}}$ 或 $\widetilde{\overline{\mu\text{A}}}$ 挡位→利用 黄键 切换交/直流种类→将红色和黑色表笔分别连接至 A◎（或 mAμA◎）和 COM◎ →将万

用表经由红、黑表笔探针串联在待测支路中（直流电路测量红色表笔接电路正极）→读取显示屏上测出的电流值。

③ 测量电阻

将转换开关调至·))) Ω →+→将红色和黑色表笔分别连接至 V Ω 和 COM →切断待测电路的电源→将两表笔探针并联在待测支路两端以测量其电阻值→读取显示屏上测出的电阻值。

如果测量电路中某元件的阻值，应确保电路已断电，且该元件与电路其余部分无并联关系，否则只能将元件脱离开电路单独测量。

④ 通断性测试

将转换开关调至·))) Ω →+→按黄键使屏幕显示蜂鸣器图标→将红色和黑色表笔分别连接至 V Ω 和 COM →切断待测电路的电源→将两表笔探针并联在待测支路或元件两端→如果电阻低于 70Ω，蜂鸣器将持续响起，表明可能出现短路。该方法可用来测试导线的通断情况。

⑤ 测试二极管

将转换开关转至·))) Ω →+→按黄键使屏幕显示二极管图标→将红色和黑色表笔分别连接至 V Ω 和 COM →切断待测电路的电源→将红色和黑色两表笔探针分别接到待测二极管的阳极和阴极→显示屏上显示二极管的正向偏压。

如果两表笔探针和二极管接法相反，则屏幕显示读数为 0L。这种特点可以用来判断二极管的阳极和阴极。

测量时应确保被测二极管元件与电路其余部分无并联关系，否则只能将二极管脱离开电路单独测量。

⑥ 测量电容

将换转开关调至⊣⊢→将红色和黑色表笔分别连接至 V Ω 和 COM →切断待测电路的电源→将被测电路中所有高压电容器进行放电→将两表笔探针接触电容器引脚→屏幕读数稳定后，读取显示屏上的电容值。

测量时应确保被测电容元件与电路其余部分无并联关系，否则只能将电容脱离开电路单独测量。

⑦ 测试保险丝

由于误操作，可能损坏万用表的保险丝，导致仪表故障。当发现万用表工作异常时，要首先检查是否保险丝已熔断。

将转换开关调至·))) Ω →+→将任一只表笔插入 V Ω →用表笔的探针接触 A 或 mA μA →观察显示屏上的读数。

状态良好的$\overset{A}{\circledcirc}$端保险丝读数约为0.1Ω，状态良好的$\overset{mA\,\mu A}{\circledcirc}$端保险丝读数应小于10kΩ 。如果显示读数为0L，则要更换保险丝并重新测试。

（2）注意事项

① 万用表接在被测电路中测量电压或电流时，不可用转换开关切换功能。

② 万用表在保持状态下，测量到不同电位时显示屏不会发生改变。为防止可能发生的触电、火灾或人身伤害，勿使用 HOLD 功能测量未知电位。

③ 该仪表具有自动关机功能，在 20 分钟不活动之后自动关闭电源。如要重新启动，首先将转换开关调回 OFF 位置，然后再调到所需位置。在开机时按住 黄键 ，直至屏幕上显示 PoFF，可禁用自动关机功能。

④ 为避免对仪表造成损坏，在测量电阻、二极管或进行通断性测试时，如断电后的被测电路有高压电容器，需要先将电容器进行放电再开始测试。

2.2.4 SM2030 数字交流毫伏表

1. 功能和性能指标简介

交流毫伏表主要用来测量频率变化范围大、幅值很微小的正弦电信号的电压值。一般来说，万用表虽然也可测量幅值微小的电压信号，但往往频率不超过1000Hz。所以在电子电路中，交流毫伏表是必备的电压测量设备。按照工作原理的不同，交流毫伏表分为模拟（指针）式交流毫伏表和数字式交流毫伏表。

SM2030 数字交流毫伏表是一款具有 4 位半数字显示、2 个独立输入通道的全自动数字交流毫伏表，具有自动量程、多种单位显示测量值等功能，配有 RS-232 接口，可与计算机通信实现程控测量。

SM2030 的主要性能指标如下：

测量频率范围：5Hz～5MHz

测量电压范围：40μV～300V

输入电阻：10MΩ

输入电容：30pF

测量准确度：不同频率范围，测量误差不同，如表 2.10 所示。

表 2.10　SM2030 数字交流毫伏表的测量误差

频率范围	电压测量误差
≥ 5～20Hz	±4%读数±0.5%量程
>20～50Hz	±2.5%读数±0.3%量程
>50～100kHz	±1.5%读数±0.3%量程
>100～500kHz	±2.5%读数±0.3%量程
>500～2MHz	±4%读数±0.5%量程
>2～5MHz	±4%读数±2%量程

2. 操作面板介绍

SM2030 数字交流毫伏表的操作面板如图 2.11 所示。面板右侧为两个独立输入通道 CH1 和 CH2 的输入插座。面板左侧分别为显示区和控制按键。每个按键上都有指示灯，用以指示毫伏表的当前状态。各按键名称和功能如下。

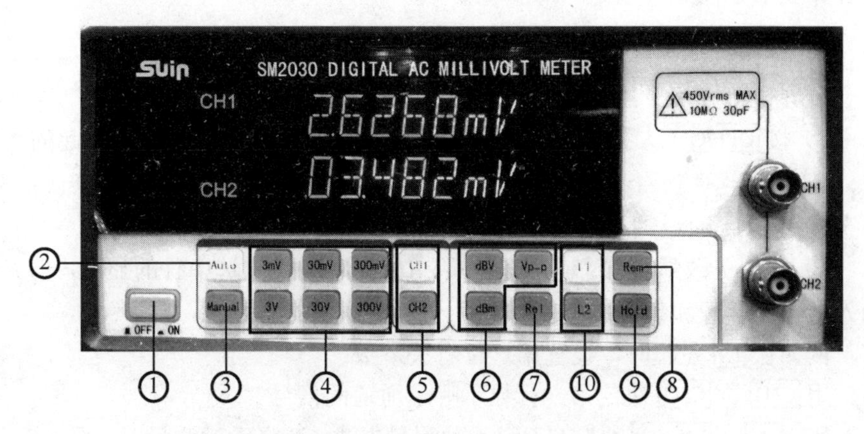

图 2.11 SM2030 数字交流毫伏表的操作面板

① OFF/ON：毫伏表工作电源按键。

② Auto：自动量程按键，开机后默认自动量程状态。自动量程状态下，当输入信号大于当前量程的 6.7%时，自动加大量程；当输入信号小于当前量程的 9%时，自动减小量程。

③ Manual：手动量程按键，需要手动选择所需量程。当输入信号大于当前量程的 6.7%时，显示 OVLD，此时应加大量程；当输入信号小于当前量程的 10%时，必须减小量程。手动量程的测量速度比自动量程快。

④ 3mV ～ 300V：供手动选择的各量程按键。

⑤ CH1、CH2：输入通道显示按键。开机默认显示 CH1 通道测量值。

⑥ dBV、dBm、Vpp：把测得的电压值用不同单位显示。开机默认显示电压有效值，此时三个按钮指示灯均不亮。

dBV 表示电压电平（0dBV = 1V）。

dBm 表示功率电平（0dBm = 1mW 600Ω）。

Vpp 表示峰峰值。

⑦ Rel：相对运算键。按下时记录当前测量值，并将该值作为参考值，之后屏幕上显示的数值均为实际测量值与参考值之间的差值。相对运算功能可用来将偏置归零，或从测量值中扣除一个基准值。显示有效值、峰峰值时

按 Rel 有效，再按一次退出。

⑧ Rem ：进入/退出程控测量。

⑨ Hold ：数据保持按键，此时屏幕示数被锁定，方便记录。

⑩ L1 、 L2 ：显示屏上、下行选择按键，被选中的行可进行输入通道、量程、显示单位的设置。

3．使用方法及注意事项

（1）使用方法

① 按 OFF/ON ，接通电源，仪器进入初始状态。如图 2.11 中亮起的指示灯，默认显示屏第一行显示 CH1 通道信号电压的有效值。如不改变默认状态，可直接在 CH1 通道输入信号读取电压有效值数据。

② 如想更改默认状态，可在 L1 或 L2 亮起时设置选中行的显示内容，如输入通道、量程和显示单位。

例如在 L1 亮起时，设置第一行有关参数：

用 CH1 、 CH2 决定第一行显示哪个通道的信号。

用 Auto 、 Manual 决定自动、手动测量方式。选择手动测量时，用 3mV ～ 300V 选择量程。

用 dBV 、 dBm 、 Vpp 选择显示单位。

以上参数的设置不分先后。 L2 亮起时可按照相同的方法设置第二行有关参数。

第一、二行的显示内容既可以是不同输入通道信号的数值，也可以是同一输入通道信号相同或不同单位的显示值。

③ 输入被测信号，SM2030 有两个独立输入端，可由 CH1 通道或 CH2 通道输入被测信号，也可由 CH1 通道和 CH2 通道同时输入两个被测信号。

（2）注意事项

① 毫伏表精确测量需预热 30 分钟。

② 关机后再开机，间隔时间应大于 10 秒。

③ 毫伏表输入端无信号输入时，显示屏上会有无规律跳动的电压数值，如图 2.11 屏幕所示。这是仪器感应电压。如在电路测量时发现这种现象，应考虑电路信号没有输入到毫伏表中，及时查找原因，不能看到有电压示数就直接读取记录。当示数在某一数值附近小范围波动时，可用 Hold 锁定示数。记录完数据后，要及时释放保持状态，以免影响后续的测量。

2.2.5　WD3150A 功率计

1．功能和性能指标简介

功率计是用来对正弦交流/直流电路的功率进行计量的电工仪表。按照工作原理的不同，功率计分为模拟（指针）式功率计和数字式功率计。

WD3150A 功率计是一款数字式功率计。不仅可以对正弦交流电路的视在功率 S、有功功率 P、无功功率 Q 及功率因数 $\cos\varphi$ 进行测量，还能够单独作为交流电压表和交流电流表对交流量的有效值进行测量。

WD3150A 主要性能指标如下：

供电电源：200～250VAC；频率：50/60Hz；功耗：2W

频率范围：50Hz ± 5Hz

电压量程：AC 0V～450V；分辨率：10mV

电流量程：AC 0A～7A；分辨率：1mA

功率分辨率：10mW/mVar/mVA

测量精度：1% ± 2 个字

功率因数：分辨率 0.01；测量精度：2% ± 2 个字

2．操作面板介绍

WD3150A 功率计的操作面板如图 2.12 所示。功率计的电源开关在操作面板正上方的侧面，未在图 2.12 中显示。

① 显示屏：显示功率计测量数据。

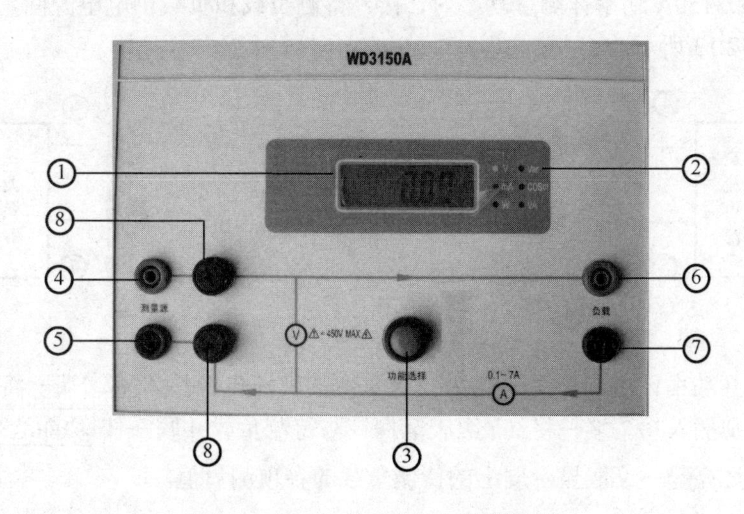

图 2.12　WD3150A 功率计的操作面板

② 单位指示灯：共 6 个，分别为 V、mA、W、Var、$\cos\varphi$、VA。显示屏数据的单位由亮起的指示灯表明。

③ 功能选择按钮：在电压 V、电流 mA、有功功率 W、无功功率 Var、功率因数 $\cos\varphi$、视在功率 VA 六种不同的测量功能间切换，同时对应功能的单位指示灯会亮起。

④、⑤ 测量源：交流输入端。

⑥、⑦ 负载端：交流输出端。接待测功率的负载。

⑧ 保险丝：快熔型保险丝，电压 500V，电流 10A。

3. 使用方法及注意事项

（1）使用方法

① 交流电压有效值的测量（交流电压表功能）

打开电源开关→将红、黑表笔分别插入④、⑤端（如图 2.12 所示）→将红、黑表笔探针与待测支路并联→按 功能选择 使指示灯 V 亮起→读取显示屏上的被测电压值。

② 交流电流有效值的测量（交流电流表功能）

打开电源开关→将红、黑表笔分别插入⑤、⑦端（如图 2.12 所示）→将功率计经表笔探针与待测支路串联→按 功能选择 使指示灯 mA 亮起→读取显示屏上的被测电流值。

③ 交流功率测量

WD3150A 功率计测量功率时，接入待测负载和负载供电电源间，接线方式如图 2.13 所示。

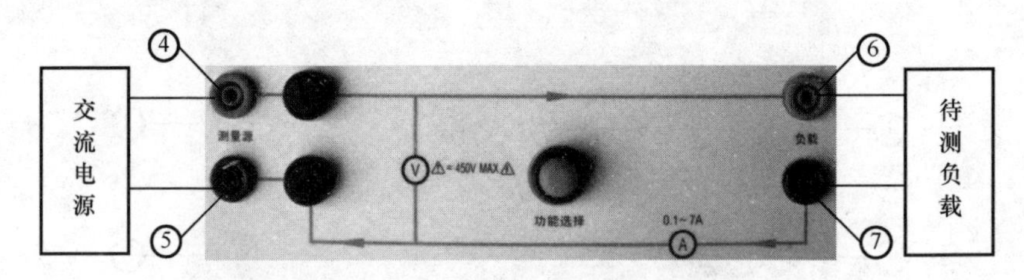

图 2.13　WD3150A 功率计的功率测量接线

打开功率计电源开关→将为负载供电的交流电源接入④⑤端→将红、黑表笔分别插入⑥⑦端→将红、黑表笔探针与待测负载并联→按 功能选择 使相应指示灯亮起→读取显示屏上的待测负载的各项测量值。

（2）注意事项

① 功率计有超量程警示功能

当被测电流或电压超过最大量程的2%时，显示屏显示A FL或U FL，同时电流或电压单位指示灯闪烁，提示超出测量范围。此时应立即将功率计脱离被测电路，以保护设备和人身安全。

② 保险丝的更换

电路的过压、过流和使用者的误操作（比如作为电流表使用时将两表笔探针与被测支路并联）会使设备的快熔保险丝熔断，影响设备使用，因此需要及时更换保险丝。

保险丝更换前需将功率计脱离电源。用"一字"改锥将面板上的保险丝盖子旋开，取出损坏的保险丝，更换符合设备要求的保险丝。

2.2.6 DS1102E数字示波器

1．功能和性能指标简介

示波器是用来观察电信号波形并对信号参数进行测量的实验设备，在科研、生产、设备检修与维护中使用广泛。按照工作原理的不同，示波器分为模拟示波器和数字示波器。

DS1102E数字示波器是一款双模拟通道输入的数字示波器。最大1GSa/s实时采样率，25GSa/s等效采样率，每通道带宽100MHz，可以更快、更细致地观察、捕获和分析波形。支持多级菜单和语言，给用户提供多种选择和分析功能。可以进行波形的自动测量、运算、存储、录制、回放和打印。配置RS-232接口，支持远程命令控制。

DS1102E数字示波器的主要性能指标如下：

水平采样率范围：实时采样13.65Sa/s～1GSa/s；等效采样13.65Sa/s～25GSa/s

水平扫速范围：2ns/div～50s/div

垂直A/D转换器：8比特分辨率，两个通道同时采样

垂直灵敏度范围：2mV/div～10V/div

触发灵敏度：0.1～1.0div，用户可调节

触发电平范围：内部触发距屏幕中心±6格；外部触发±1.2V

2．操作面板介绍

DS1102E数字示波器的操作面板如图2.14所示。操作面板左侧为显示区，右侧由主菜单区、运行控制区、垂直控制区、水平控制区、触发控制区和信号输入区组成。选择右侧区域中的按键时，按键灯会亮起。示波器的电源按键在操作面板正上方的侧面，未在图2.14中显示。

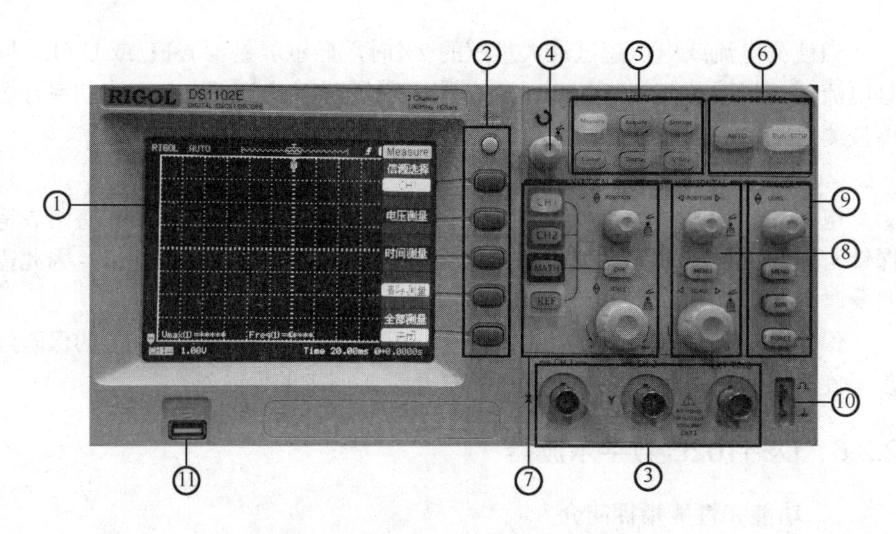

图 2.14 DS1102E 数字示波器的操作面板

操作面板各部分的功能如下：

① 显示区：显示波形、测量值、各级操作菜单及示波器状态。屏幕上的栅格既方便用户观察波形，也是波形的计量刻度。以 1 个方格为 1 个计量单位，垂直方向代表幅度，水平方向代表时间，具体每格表示多大的幅度和时间，由垂直和水平分辨率调整旋钮决定。

② 菜单项选择区：最上方的白色按键为菜单开关键，它决定屏幕上是否显示菜单。下方包括 5 个灰色按键，为菜单操作键，自上而下定义为 [1]、[2]、[3]、[4]、[5] 键。通过它们，可以选择一级菜单中的不同选项。

③ 信号输入区：从左至右依次为 CH1、CH2 两个模拟信号输入通道，EXTTRIG 外部触发输入端。

④ ↻：多功能旋钮。在不同菜单状态下，有不同的作用和功能。在未指定任何功能时，旋转↻可调节波形亮度；出现二级菜单时旋转↻用来选择菜单项，按下时表示确认；在光标测量时，旋转↻移动光标，按下确认光标位置。

⑤ 主菜单区（MENU）：示波器各种功能操作的起点。按下不同按键，显示区显示对应的一级菜单。它包含 6 个按键，分别如下所示：

[Measure]：自动测量。可自动测量 20 种波形参数，包括 10 种电压参数和 10 种时间参数。测得的参数会以相应的缩写字母形式显示在屏幕上。可自动测量的电压参数及显示的电压参数的含义如图 2.15 所示，可自动测量的时间参数及显示的时间参数的含义如图 2.16 所示。

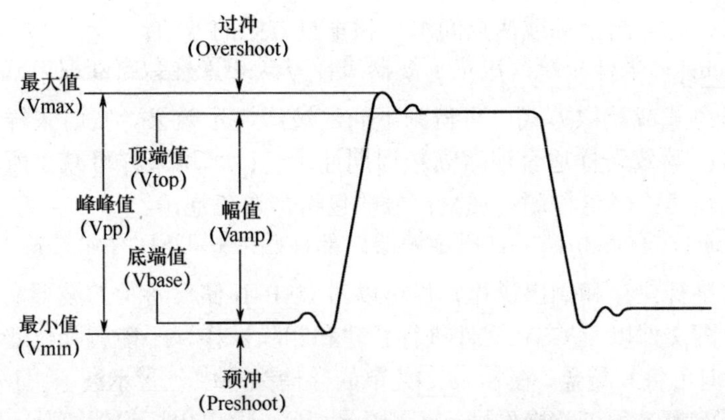

Vmax，波形最高点至 GND（地）的电压值；Vmin，波形最低点至 GND（地）的电压值；
Vpp，波形最高点至最低点的电压值；Vtop，波形平顶至 GND（地）的电压值；
Vbase，波形平底至 GND（地）的电压值；Vamp，波形顶端至底端的电压值；
Overshoot，波形最大值与顶端值之差与幅值的比值；
Preshoot，波形最小值与底端值之差与幅值的比值；
Vavg，单位时间内信号的平均幅值；Vrms，有效值

图 2.15　电压参数及显示的电压参数的含义

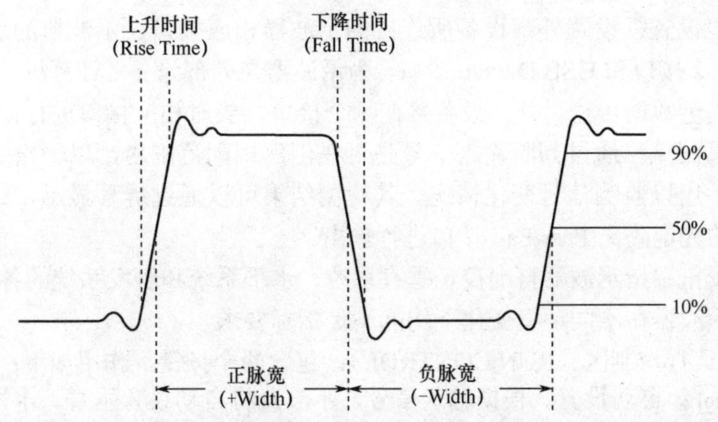

Rise Time，波形幅度从 10%上升至 90%所经历的时间；Fall Time，波形幅度从 90%下降至 10%所经历的时间；
+Width，正脉冲在 50%幅度时的脉冲宽度；−Width，负脉冲在 50%幅度时的脉冲宽度；
+Duty，正脉宽与周期的比值；−Duty，负脉宽与周期的比值；Prd 波形周期；
Freq 波形频率；Delay1→2↑，通道 1、2 相对于上升沿的延时；
Delay1→2↓，通道 1、2 相对于下降沿的延时

图 2.16　时间参数及显示的时间参数的含义

Cursor：光标测量。屏幕上有两个光标，通过移动光标进行测量。光标测量可弥补自动测量只是对特定位置进行测量的不足。通过移动测量光标可

测出波形任意点的坐标或两点间水平和垂直方向的差值。

Acquire：采样系统。决定示波器采样方式和采样数据获取方式。选取不同的采样方式或获取方式，可得到不同的波形显示效果。实时采样适合观察单次信号；等效采样适合观察高频周期性信号；平均采样可减少所显示信号中的随机噪声；峰值检测可观察信号的包络，避免混淆。

Storage：存储和调出。对示波器内部存储区和 USB 存储设备上的波形、设置文件进行保存和调出操作，也可以对 USB 存储设备上的波形文件、设置文件、位图文件以及 CSV 文件进行新建和删除操作，不能删除仪器内部的存储文件，但可将其覆盖。在Storage菜单的存储类型中包含示波器出厂设置（示波器出厂前为各种正常操作进行了预先设定），调出出厂设置可使示波器恢复出厂状态。

Display：显示系统。调整波形、屏幕网格、菜单在屏幕上的呈现方式，方便观察。

Utility：辅助系统。示波器各种扩展功能的设置。包含接口设置、语言选择、通过测试、波形录制、打印设置、参数设置、自校正、系统信息、生产模式。

接口设置：设置外部设备所连接的示波器相应接口。示波器的后面板上有 RS-232 接口和 USB Device 接口，为示波器与外部设备（计算机、打印机）连接时提供数据传输。外部设备接在哪个接口，要对相应接口进行设置。

通过测试：通过判断输入信号是否在创建规则范围内，以输出通过或失败波形，用以监测信号变化情况。其检测结果可以通过屏幕显示，或通过后面板上的光电隔离 Pass/Fail 接口进行输出。

自校正：指示波器自动校正垂直系统、水平系统和触发系统的各项参数，以保证示波器在不同环境变化下均能满足指标要求。

⑥ 运行控制区（RUN CONTROL）：包含两个按键，作用如下：

Auto：自动设置。根据输入信号，示波器将自动设置垂直、水平和触发控制值，以产生适宜观察的多周期或单周期波形。

Run/Stop：运行/停止。控制示波器采样开始和停止。停止采样时，波形和数据处于保持状态，方便观察和测量。

⑦ 垂直控制区（VERTICAL）：包含 5 个按键和 2 个旋钮，作用如下：

CH1、CH2：CH1、CH2 通道信号选择键。选中后，按键灯亮起，可对亮灯的通道信号进行设置和显示。

MATH：CH1、CH2 通道波形运算键。显示 CH1、CH2 通道波形相加、相减、相乘以及 FFT 运算的结果。数学运算的结果可通过栅格或光标进行测量。

REF：把波形和参考波形样板进行比较，发现两者差异。此功能对具有详尽的电路工作点参考波形的电路进行检测并及时发现故障尤为适用。

OFF：关闭以上 4 个按键的按键灯。按键灯灭即说明该按键功能已被关闭。

⇕POSITION：旋转时垂直方向移动波形，按下时波形垂直方向位移归零。

⇕SCALE：垂直分辨率调整旋钮。单位为 V/div 或 mV/div。用粗调和细调两种方法改变垂直挡位灵敏度。粗调以 1-2-5 方式确定垂直挡位灵敏度。微调是在当前挡位范围内进一步调节波形显示幅度。粗调、微调通过按 ⇕SCALE 旋钮切换。

⑧ 水平控制区（HORIZONTAL）：包含 2 个旋钮和 1 个按键，作用如下。

◁POSITION▷：控制信号的触发位移，旋转时水平方向移动波形。按下时波形触发位移恢复到水平零点。

◁SCALE▷：水平分辨率调整旋钮。单位为 s/div 或 ms/div。旋转时以 1-2-5 方式确定水平挡位灵敏度。按下时切换到延迟扫描状态。

MENU：按下显示 TIME 时间菜单。在此菜单下，可以开启/关闭延迟扫描、选择时基、显示系统采样率、设置水平触发位移复位。

⑨ 触发控制区（TRIGGER）：触发决定了示波器何时开始采集数据和显示波形。一旦触发被正确设定，可以将不稳定的显示转换成有意义的波形。这个区域包含 1 个旋钮和 3 个按键，作用如下：

⇕LEVEL：触发电平控制旋钮。旋转时改变触发电平值，按下时触发电平恢复到零点。

MENU：按下显示 Trigger 触发菜单。在此菜单下可对与触发相关的参数进行设置，如触发模式、触发信源等。

50%：设定触发电平在触发信号幅值的垂直中点。

FORCE：强制产生一个触发信号，主要应用于触发方式中的普通和单次模式。

⑩ 探头补偿输出：输出峰峰值 5V，1kHz 方波，用于探头补偿。

⑪ USB Host 接口：接 USB 存储设备，用来导出或导入波形。也可接打印机打印波形。若连接打印机，可在 Utility 菜单的打印设置中选择普通打印模式。

3. 使用方法及注意事项

（1）使用方法

DS1102E 数字示波器的功能较多，各种功能基本依靠对各级操作菜单项目的选择和设置来实现。DS1102E 的操作菜单分两级，一级菜单项目用1、2、3、4、5键选择确认，二级菜单项通过旋转↻选择，按下↻确认。下面介绍 DS1102E 的几种基本的使用方法。

① 快速功能检查

数字示波器在使用中会对各级菜单项做出选择和设置，选择和设置的结果会被保存，且不会随着关机而消失。开机时将示波器恢复出厂设置，并做一次快速功能检查，核实仪器运行是否正常，会为后续的使用带来方便。操作步骤如下：

按示波器电源按钮开机→仪器自动执行所有自检项目并确认通过自检→按Storage显示 Storage 一级操作菜单→按1键选存储类型→旋转↻在二级菜单中选出厂设置并按↻确认→按3键选调出。快速将示波器各项参数恢复为出厂状态。

将探头连接器与 CH1 端子连接，探头端部和接地夹接到探头补偿器输出端（见图 2.17）→将探头上的开关设定为 10×［见图 2.18(a)］→按CH1显示 CH1 一级操作菜单→依次选择探头→10×［见图 2.18(b)］→按AUTO几秒内可见到方波显示。

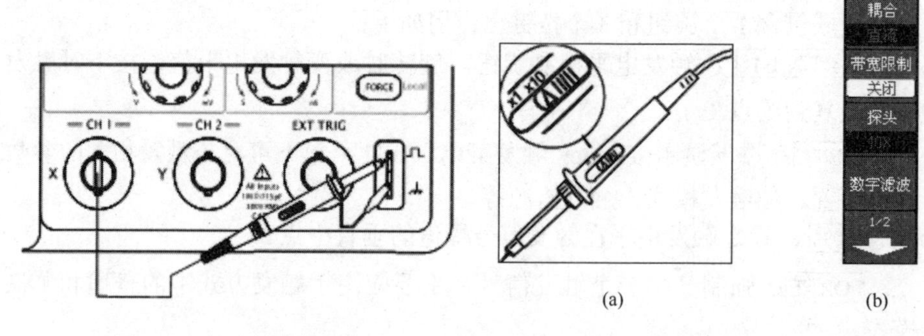

图 2.17　探头补偿连接　　　　图 2.18　设定探头衰减系数

检查所显示波形的形状如图 2.19 所示。如出现补偿过度或不足的情况，可用非金属质地的改锥调整探头上的可变电容，直到屏幕显示的波形如补偿正确为止。

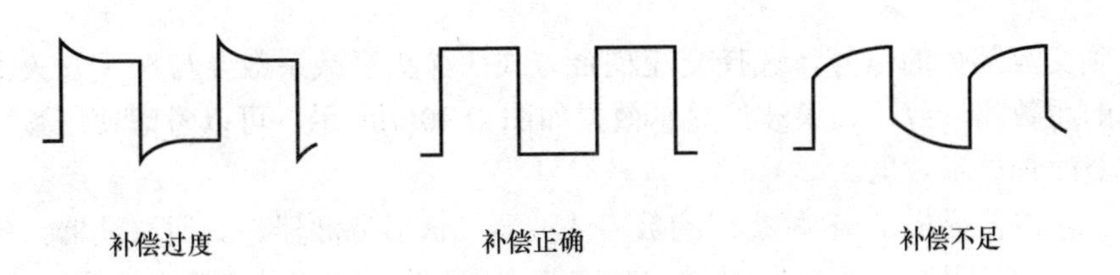

图 2.19 探头补偿调节

按 OFF 或再次按 CH1 关闭 CH1 通道，按 CH2 打开 CH2 通道，重复以上步骤。完成示波器快速功能检查。

②垂直控制区操作菜单设置

示波器双通道输入。每个通道都有独立的垂直操作菜单。

假定信号由 CH1 通道进入，开机→按 AUTO →屏幕显示 CH1 通道信号的波形→按 CHI 显示 CH1 垂直操作菜单（操作菜单及说明如表 2.11 所示）→根据需要，用 1 ～ 5 键选择相应的一级菜单项→用↻选择并确认二级菜单项。

表 2.11 CH1 垂直操作菜单设置

操作菜单	设 置	说 明
耦合	直流	显示输入信号的交流和直流成分
	交流	只显示输入信号的交流成分
	接地	断开输入信号，显示水平线
带宽限制	打开	滤除信号超过 20MHz 的高频分量，以减少显示噪音
	关闭	满带宽显示信号波形
探头	1×	选取与探头衰减系数一致的数值，确保垂直标尺读数准确
	5×	
	10×	
	50×	
	100×	
	500×	
	1000×	
数字滤波		显示 FILTER 数字滤波操作菜单
挡位调节	粗调	粗调按 1-2-5 进制设定垂直灵敏度
	微调	微调是指在粗调设置范围之内以更小的增量改变垂直挡位
反相	打开	打开波形反向功能
	关闭	波形正常显示

如果只关注信号中的交流成分，或信号中直流分量过大导致无法很好地

看到交流部分的信号，选择交流耦合方式；探头衰减系数要与探头开关上选择的系数相一致；如果波形显示效果如图 2.20(a)所示，可以考虑使用数字滤波器改善显示效果。

示波器提供了 4 种实用的数字滤波器（低通滤波器、高通滤波器、带通滤波器和带阻滤波器）。通过设定带宽范围，能够滤除信号中特定的频率波段，从而达到很好的显示效果。

按 CH1→选择数字滤波→显示 FILTER 数字滤波操作菜单→选择滤波类型为低通滤波器→旋动↻将频率上限选为 100kHz→显示低通滤波后的波形，如图 2.20(b)所示。

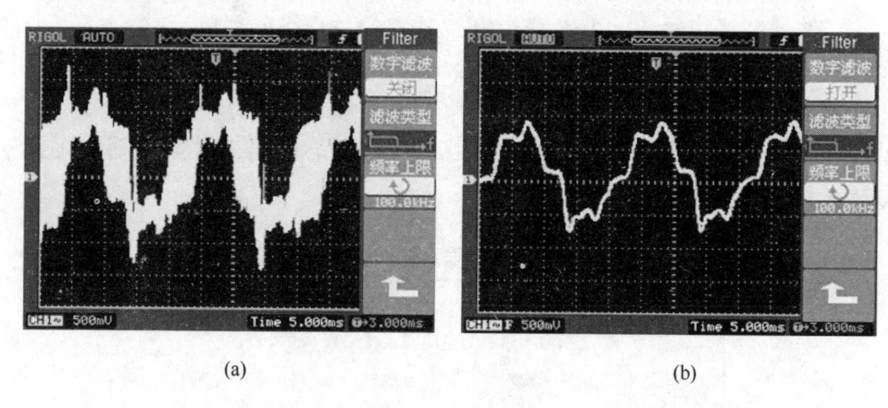

(a)　　(b)

图 2.20　数字滤波功能关闭和打开的对比效果

③ 水平控制区操作菜单设置

在示波器已显示某路波形的情况下，按水平控制区的 MENU 键，屏幕将显示水平系统 Time 操作菜单，操作菜单及说明如表 2.12 所示。

表 2.12　Time 操作菜单设置

功能菜单	设　定	说　明
延迟扫描	打开	进入波形 Delayed 延迟扫描
	关闭	关闭延迟扫描
时基	Y-T	Y-T 方式显示垂直电压与水平时间的相对关系
	X-Y	X-Y 方式在水平轴上显示 CH1 幅值，在垂直轴上显示 CH2 幅值
	Roll	Roll 方式下示波器从屏幕右侧到左侧滚动更新波形采样点
采样率		显示系统采样率
触发位移复位		调整触发位置至中心零点

延迟扫描用来放大一段波形，以便查看图像细节。延迟扫描操作进行时，屏幕将分为上下两个显示区域，如图 2.21 所示。

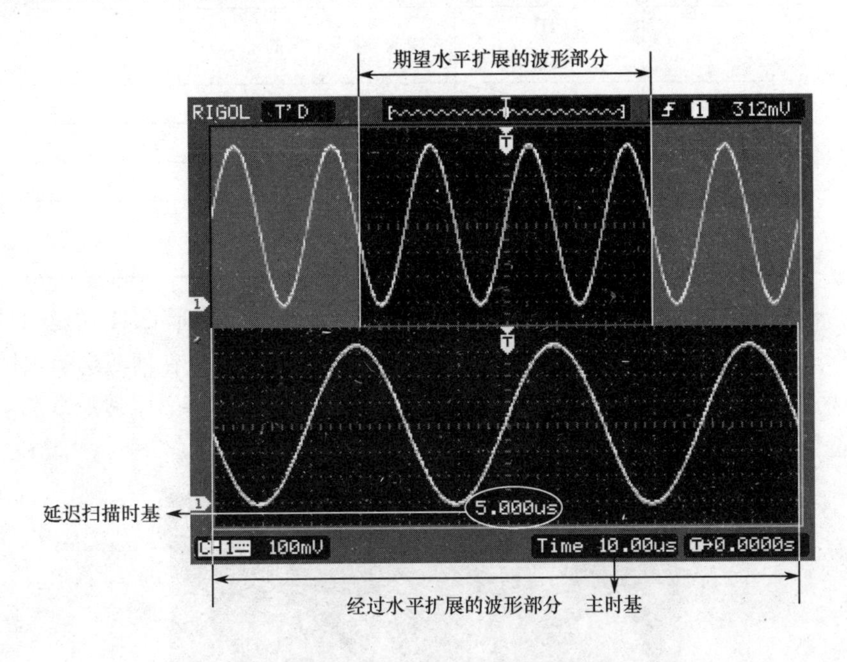

图 2.21　延迟扫描示意图

上半部分显示的是原波形，其中未被覆盖的区域是期望被水平扩展的波形部分。此区域可以通过转动 ◁POSITION▷ 左右移动，或转动 ◁SCALE▷ 扩大和减小选择区域。

下半部分是选定的原波形区域经过水平扩展后的波形。由于下半部分显示的波形对应于上半部分选定的区域，当转动 ◁SCALE▷ 减小选择区域时，可提高波形的水平扩展倍数。由图 2.21 可见，延迟扫描时基相对于主时基提高了分辨率。

时基中的 X-Y 方式适用于通道 CH1、CH2 同时有输入信号且均被选择显示的情况。选择 X-Y 显示方式后，水平轴上显示通道 CH1 信号的幅值，垂直轴上显示通道 CH2 信号的幅值。在 CH1、CH2 通道为正弦波时，屏幕上显示图形为李沙育图形。李沙育图形可以用来测量正弦信号的频率和相位。

④ 自动测量

自动测量可自动完成对波形特定位置参数的测量。按主菜单区的 Measure，屏幕显示自动测量 Measure 操作菜单。操作菜单及说明如表 2.13 所示。

表 2.13　Measure 测量功能操作菜单

功能菜单	显　示	说　明
信源选择	CH1 CH2	设置被测信号的输入通道
电压测量		选择测量电压参数
时间测量		选择测量时间参数
清除测量		清除测量结果
全部测量	关闭	关闭全部测量显示
	打开	打开全部测量显示

假定信号由 CH1 通道进入，开机→按 AUTO →屏幕显示 CH1 通道信号的波形→按主菜单区的 Measure →屏幕显示 Measure 操作菜单→在信源选择项按 1 键选择 CH1→在全部测量项按 5 键打开全部测量菜单→屏幕显示波形全部参数测量值，如图 2.22 所示。

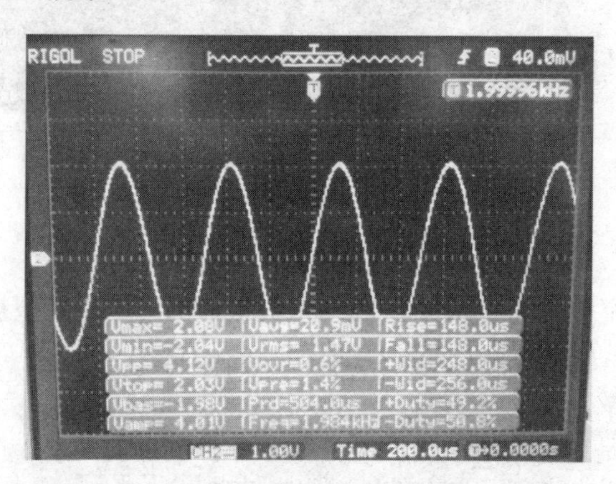

图 2.22　波形参数全部测量

对于正弦波的基本参数幅值 Vamp、峰峰值 Vpp、有效值 Vrms、周期 Prd 和频率 Freq 都可以一次全部显示。显示的数据为“*****”时，表明在当前的设置下此参数不可测。

如果不需要测量全部参数，可根据需要，按 2 键或 3 键在电压测量或时间测量项的子菜单中用↻选择并确认相应参数，此时被选参数的测量值会直接显示在屏幕下方。

按 4 键选择清除测量，此时屏幕下方的自动测量参数消失。

⑤ 光标测量

光标测量有手动、追踪、自动测量 3 种模式。按主菜单区的 Cursor ，屏幕显示 Cursor 光标测量操作菜单。选择光标模式中的手动模式，操作菜单及说明如表 2.14 所示。

表 2.14 光标测量手动模式操作菜单

功能菜单	设 定	说 明
光标模式	手动	手动调整光标间距以测量 X 或 Y 参数
光标类型	X	光标显示为垂直线，测量时间值
	Y	光标显示为水平线，测量电压值
信源选择	CH1 CH2	选择被测信号的输入通道
CurA		选择光标 A，调整光标 A 位置
CurB		选择光标 B，调整光标 B 位置

假定信号由 CH1 通道进入，开机→按 AUTO →屏幕显示 CH1 通道信号的波形→按主菜单区的 Cursor →屏幕显示 Cursor 操作菜单→在信源选择项下按 3 键选择 CH1→在光标类型项下按 2 键选择 X→屏幕上出现一对垂直光标→按 4 键选择光标 CurA→旋动↻改变光标的位置，按下↻确认→按 5 键选择光标 CurB→旋动↻改变光标的位置，按下↻确认→屏幕上显示光标所在位置水平方向的测量值，如图 2.23 所示。

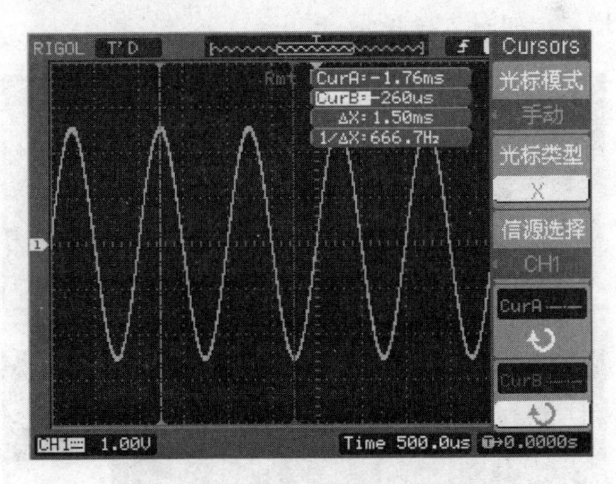

图 2.23 手动模式光标测量

同样，光标类型选择 Y 时，屏幕上将出现一对水平光标，通过↻移动并确认光标位置后，将获得相应光标处垂直方向的测量值。

光标 CurA、CurB 的位置：时间以触发偏移位置为基准，电压以通道接地点为基准。

ΔX、ΔY：光标间水平、垂直间距。

1/ΔX：光标水平间距的倒数。

如果选择光标模式中的追踪时，屏幕上会出现十字形光标，此时操作菜单及说明如表 2.15 所示。

表 2.15　光标测量追踪模式操作菜单

功能菜单	设　定	说　明
光标模式	追踪	用十字光标追踪测量
光标 A	CH1	十字光标追踪测量 CH1 的信号
	CH2	十字光标追踪测量 CH2 的信号
	无光标	不显示光标 A
光标 B	CH1	十字光标追踪测量 CH1 的信号
	CH2	十字光标追踪测量 CH2 的信号
	无光标	不显示光标 B
CurA	↻	旋动↻调整光标 A 的水平坐标
CurB	↻	旋动↻调整光标 B 的水平坐标

在 Cursor 菜单中，按[2]键选择 CH1→十字光标 A 定位在 CH1 通道的波形上→按[4]键选择光标 CurA→旋动↻改变光标的位置，按下↻确认→依次按[3]、[5]键将光标 B 定位在 CH1 通道的波形上→旋动↻改变光标的位置，按下↻确认→屏幕上显示光标 A、B 所在位置的直角坐标和两光标间水平方向与垂直方向的增量，如图 2.24 所示。

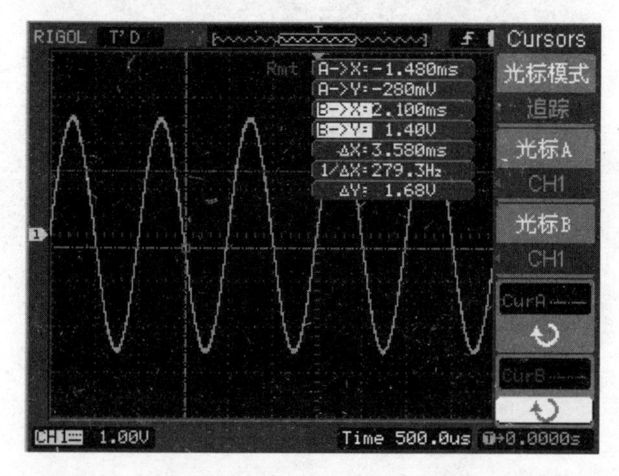

图 2.24　追踪模式光标测量

要使用 Cursor 菜单中的自动测量模式，首先要通过[Measure]菜单选定需要测量的参数。选定后，屏幕上将显示与该测量参数对应的光标，否则没有光标显示。

⑥相位的测量

交流信号通过含有动态元件的电网络时，输入波形与输出波形间会产生相位变化。测量同频交流信号间相位差的大小及超前或滞后关系是交流电路测量的基本内容。相位的测量可以用双踪法或李沙育图形法来实现。

首先将要测量相位的两个同频交流信号分别送入 CH1、CH2 通道，按 AUTO →屏幕分上下两部分分别显示 CH1、CH2 通道信号的波形→按 CH1 →按 ⇳POSITION →CH1 波形垂直方向位移归零→按 CH2 →按 ⇳POSITION →CH2 波形垂直方向位移归零→旋转 ◁SCALE▷ 将波形适当展开，如图 2.25(a)所示，幅值较大的为 CH1 通道信号，幅值较小的为 CH2 通道信号。

双踪法测量相位

利用光标测量功能的手动模式，分别测量图 2.25(b)中 a 和 b 所在位置的间距，将测量值代入相位差公式 $|\phi| = 180^\circ \times a/b$，可计算得出两波形间的相位差大小。

波形的超前、滞后关系可直接在屏幕上观察。以任意垂直栅格为时间零点位置，观察时间零点右侧两波形正向峰值距时间零点的距离，距离小的波形超前距离大的波形，在图 2.25(a)中，CH1 的波形超前 CH2 的波形。

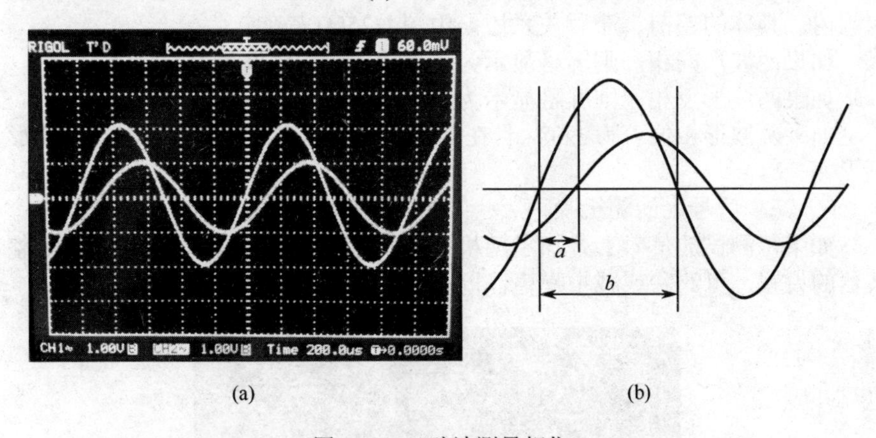

(a)　　(b)

图 2.25　双踪法测量相位

李沙育图形法测量相位

在出现图 2.25(a)的波形时，旋转 ⇳SCALE 使两路信号显示的幅值大约相等→按下水平控制区的 MENU →屏幕显示 Time 操作菜单→选择时基中的 X-Y→屏幕显示李沙育图形→旋转 ⇳POSITION 、⇳SCALE 和 ◁SCALE▷ 使波形达最佳效果，如图 2.26(a)所示。

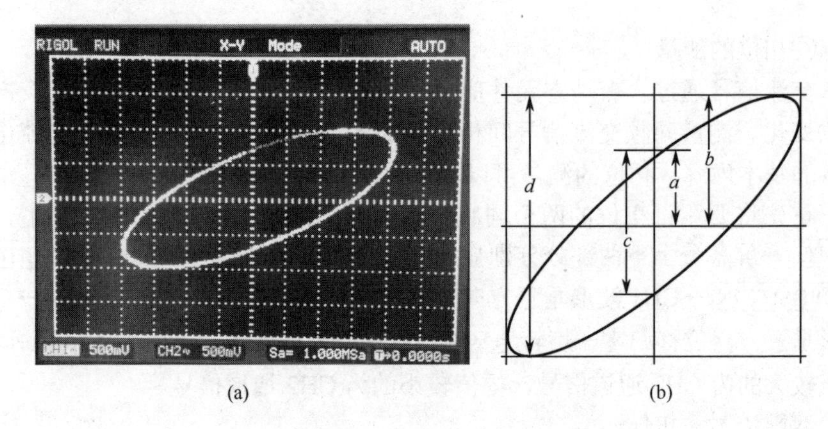

(a) (b)

图 2.26 李沙育图形法测量相位

利用光标测量功能的手动模式，分别测量图 2.26(b)中 a、b 或 c、d 所在位置的间距，将测量值代入相位差公式 $|\phi| = \arcsin a/b$ 或 $|\phi| = \arcsin c/d$，可计算得出两波形间的相位差大小。

如果椭圆的主轴在 I、III 象限内，那么所求得的相位差角度应在 I、IV 象限内；如果椭圆的主轴在 II、IV 象限内，那么所求得的相位差角度应在 II、III 象限内。具体的超前、滞后关系还要由图 2.25(a)来确定。

如果两波形同相，则屏幕显示为 1 条位于 I、III 象限内的直线。

如果两波形反相，则屏幕显示为 1 条位于 II、IV 象限内的直线。

如果两波形相位差为±90°，且在屏幕上的显示高度一致，则李沙育图形为圆形。

⑦ 减少信号上的随机噪声

如果待测试的信号上叠加了随机噪声（如图 2.27 所示），那么通过调整示波器的设置，可滤除或减小噪声，以避免在测量中对待测信号的干扰。

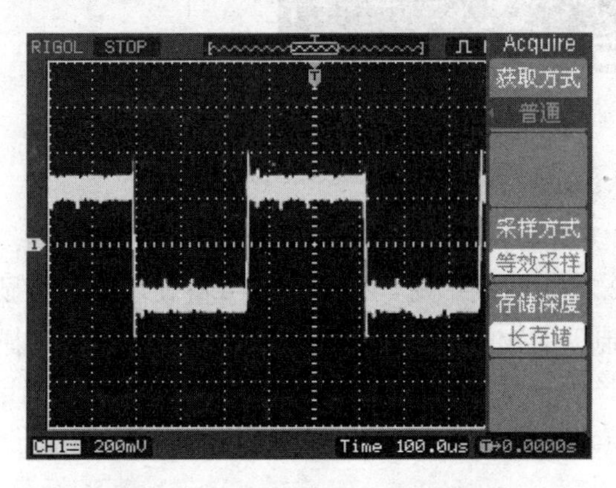

图 2.27 叠加随机噪声的信号波形

首先设置触发耦合改善触发。

按触发控制区中的MENU→屏幕显示Trigger触发菜单→按5键选择触发设置→显示 SetUp 菜单→在耦合中选择低频抑制或高频抑制→通过低频抑制或高频抑制可以分别抑制低频或高频噪声，得到稳定的触发。

低频抑制是设定一个高通滤波器，可滤除8kHz以下的低频信号分量，允许高频信号分量通过；高频抑制是设定一个低通滤波器，可滤除150kHz以上的高频信号分量（如FM广播信号），允许低频信号分量通过。

其次设置采样方式减少显示噪声。

按Acquire→显示Acquire菜单→按1键将获取方式选择为平均→按2键选择平均次数→旋转↻次数依次由2至256，以2倍数步进，直至波形的显示满足观察和测试要求，如图2.28所示。应用平均采样方式去除随机噪声的显示，使波形变细，便于观察和测量。

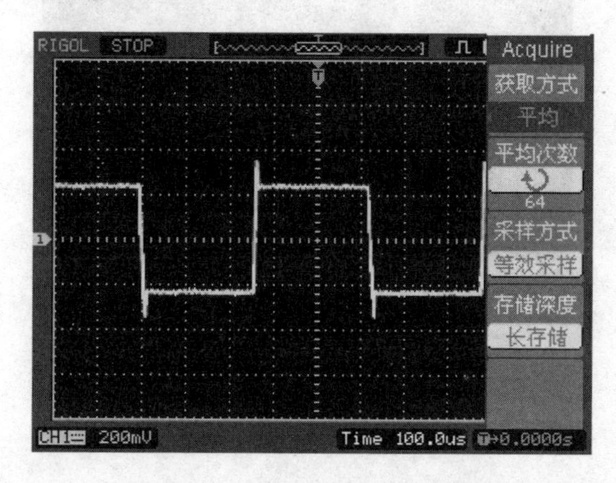

图2.28　减少随机噪声后的信号波形

（2）注意事项

① 探头补偿

首次将探头与任一输入通道连接时，要进行探头补偿调节，使探头与输入通道匹配。未经补偿或补偿偏差的探头会导致测量误差或错误。探头补偿输出的信号仅作探头补偿调整之用，不可用于校准。

②测量的电压幅度值比实际值大或小若干倍

检查通道衰减系数是否与实际使用的探头衰减比例相符。

③有波形显示，但不能稳定下来

检查或调整Ttigger触发菜单中的相关选项，如检查信源选择项是否与实际使用的信号通道相符；检查触发模式项，一般的信号应使用边沿触发方式，视频信号应使用视频触发方式。只有采用适合的触发模式，波形才能稳定显示；也可在触发设置项中改变触发灵敏度和触发释抑的设置。

④ 自校正

自校正程序可迅速地使示波器达到最佳状态，以取得最精确的测量值。可在任何时候执行这个程序。如果环境温度变化范围达到或超过 5℃时，则必须执行这个程序。若要进行自校正，应将所有探头或导线与输入通道断开。然后按 Utility 选择自校正，进入图 2.29 所示界面。按下 RUN / STOP 开始执行自校正程序，按下 AUTO 将退出自校正界面。运行自校正程序前，确认示波器已预热或运行达 30 分钟以上。

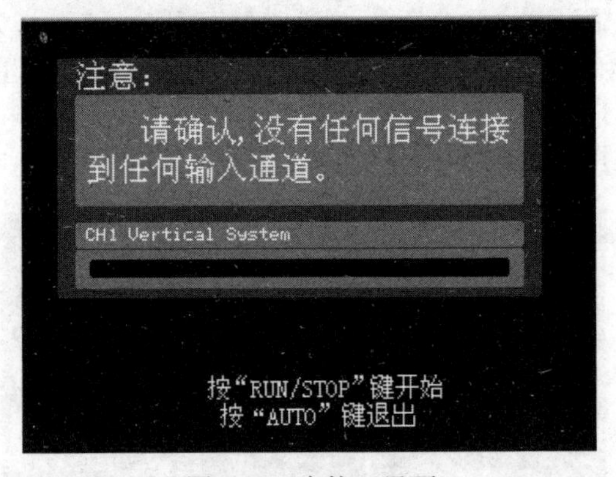

图 2.29 自校正界面

练习与思考

1. 电阻器件的主要参数有哪些？在选择电阻器件时，主要考虑的参数有哪些？
2. 固定电阻器件的阻值是不变的吗？如果变化，受哪些因素影响？
3. 色环电阻的色环如何区别是代表阻值还是代表误差？
4. 固定电容器件的容量是否固定不变？如果变化，受哪些因素影响？
5. 选择电容器件时，要首先考虑哪些主要参数？
6. 电解电容可以用在交流电路中吗？为什么？
7. 在电路中，如果电解电容的极性接反了会怎样？
8. 固定电感器件的电感量受哪些因素影响？
9. 品质因数越高的电感器件质量越好吗？为什么？
10. 直流稳压电源使用时应该注意哪些事项？
11. 函数信号发生器的输出电阻的大小对其输出特性有何影响？
12. 如何检验 FLUKE15B+数字式万用表的保险丝是否已损坏？
13. FLUKE15B+数字式万用表可否测量频率 1kHz 的交流正弦信号？

14. 数字交流毫伏表在开机后，即使没有测量任何信号，显示屏也一直有数字显示，为什么？
15. WD3150A 功率计可否测量电路中某一支路的功率？如果可以，该如何测量？
16. 示波器测量相位有几种方式？
17. 如何使示波器显示的波形在垂直和水平方向的位移归零？
18. 为什么毫伏表和示波器在测量时，要与被测电路共地连接？

第3章　电子电路测量技术

在科学实验和生产实践的过程中，为了获取表征被研究对象的特征的定量信息，必须准确地进行测量。在测量过程中，由于各种原因，测量结果和待测量的客观真值之间总存在一定的差别，即测量误差。本章介绍电子电路的测量技术，阐述测量误差的理论，使学生、实验人员和科技工作者通过对实验测量数据的记录、处理和误差分析等的学习，训练并培养其实验的基本技能。

3.1　测量误差的基础知识

在真实测量中，由于各方面的原因，会对测量带来一系列误差。因此，要对测量误差技术有深刻的了解和学习，才能正确处理测量中所得到的数据。

3.1.1　测量的意义和范围

用仪器测量一个物理量而得到的测量值与被测物理量的真值之间总是存在一定差别的，称之为测量误差。测量误差是不可避免的，只能通过仪器性能的改善、测量技术的提高等手段来减小。一个有效测量结果的优劣，可用测量误差来衡量。

1．测量的意义

测量的目的是要对客观事物获得定量的信息，无论是在日常生活中还是在科学研究过程中都要进行各种测量。所谓测量，就是将待测量与另一个同类的已知量进行比较，并把后者作为计量单位，从而确定被测量是该单位的多少倍。测量是从事社会活动以及科学实验的必备技能。测量方法得当，测量结果准确，可以帮助人们判断预期的结论，或达到预定的目标；倘若在测量时出现问题，则会给人们带来这样或那样的不良后果，可能将科学研究引向歧途，不仅会造成时间上、经济上、精力上的严重浪费或重大损失，甚至会得出一个与事实不符的结论。电路实验课也同样离不开对各种电量的测量，如电路是否正常、系统能否满足设计要求，实验结果的取得、故障的检查等都是通过测量手段来实现的。因此，掌握正确的测量方法及手段，是从事科学技术研究工作最基本的实践能力，具有十分重要的意义。

2．测量的范围

测量分为直接测量和间接测量两种。凡是使用测量仪器能直接得出结果的测量都是直接测量，如电路实验中用电流表或电压表来测量电路的电流或电压，用示波器测量电路波形的瞬时值等；而间接测量要先直接测量出一些相关量，然后由这些量之间的内在关系，经过数学运算来得到结果。例如，交流阻抗参数的测量，可通过测量电路的电流、电压、电功率后，经过相关方式计算而得到。显然，直接测量是间接测量的基础。直接测量是电路实验中的基本测量。

电路实验的测量大致包括以下几个方面：

（1）元器件参数的测量，如电阻器的阻值、电容器的电容值、电感器的电感值等，这些参数可以通过直接测量获取，也可以通过间接测量来得到结果，例如“三表法”与“谐振法”都是对电阻器的阻值 R、电感器的电感量 L、电容器的电容量 C 进行间接测量的方法。

（2）电路参数的测量，如电流、电压、功率、频率、相位等的测量。

（3）系统参数的测量，如网络的输入阻抗、输出阻抗、网络函数等。这些只能用间接测量来获得。

3.1.2　测量误差的来源和分类

1．误差的来源

（1）仪器误差。它是指由于测量仪器本身的电气或机械等性能精度所造成的误差。例如，仪器校准不好、定度不准等。因此，减小仪器误差的方法是配备性能优良的仪器，或预先校准，确定其修正值，以便在测量结果中引入适当的补偿值来消除它。

（2）参数误差。它是指由于使用元器件的精度不高，其实际参数与标定数值不符，或由于元器件老化而产出的误差。减小此类误差的方法是精选元器件并进行老化处理。

（3）使用误差。又称操作误差，指测量过程中因操作不当而引起的误差。减小使用误差的方法是测量前详细阅读仪器的使用说明书，严格遵守操作规程，提高实验技巧和对各种仪器的操作能力。

（4）环境误差。它是指由于外界环境（如温度、湿度、电磁场等）的影响而产生的误差。为了避免环境误差，电子仪器必须在规定的使用环境下工作。

（5）人身误差。它是指由测量者个人特点引起的误差。例如，有人读指示刻度时习惯于超过或欠少等。为了消除这类误差，应提高测量技能，改变不正确的测量习惯并改进测量方法等。

（6）方法误差。又称理论误差，它是指由于使用的测量方法不完善、理论依据不严密或者对某些经典测量方法做了不适当的修改简化而产生的误差，即指凡在测量结果的表达式中，没有得到反映的因素，而实际上这些因素在测量过程中，又起到一定的作用所引起的误差。例如，用伏安法测电阻时，若直接以电压表的示值与电流表的示值之比做测量结果，而不计仪表本身内阻的影响，就会引起方法误差。

2．误差的分类

按性质和特点，误差可大致分为三类。

（1）系统误差。在规定的测量条件下，对同一量进行多次测量时，如果误差的数值保持恒定，或按某种确定规律变化，则称这种误差为系统误差。

系统误差表明一个测量结果偏离真值或实际值的程度，系统误差的大小用准确度来表示。系统误差越小，测量准确度越高。系统误差有一定规律性，可以通过实验和分析找出原因，设法减弱和消除。

（2）偶然误差，也叫随机误差。在规定的测量条件下，对同一量进行多次测量时，如果误差的数值发生不规则的变化，则称这种误差为偶然误差。例如，热骚动、外界干扰和测量人员感觉器官无规律的微小变化等引起的误差，便属于偶然误差。

尽管每次测量某量时，其偶然误差的变化规律是不规则的，但实践证明，如果测量的次数足够多，那么偶然误差平均值的极限就会趋近于零。所以，多次测量某量的结果，它的算术平均值会接近于其真值。

大量测试结果表明，偶然误差是服从统计规律的。即误差小的出现概率高，误差大的出现概率低，而且大小相等的正负误差出现的概率相等，其概率密度分布规律如图 3.1 所示。这种分布曲线称为正态分布曲线。

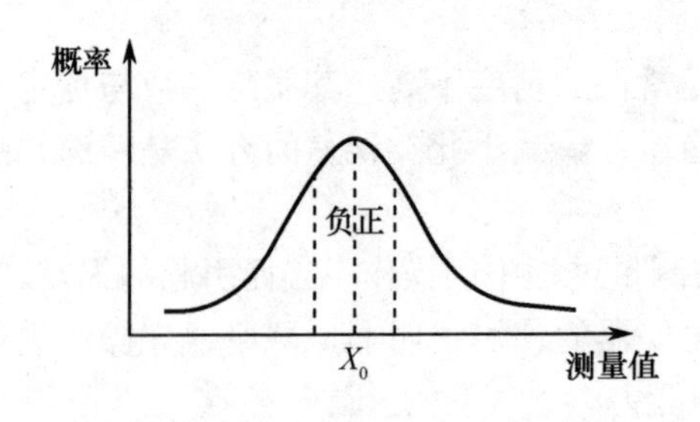

图 3.1　偶然误差分布概率图

（3）过失误差。指在一定的测量条件下，测量值显著地偏离真值的误差。从性质上来看，它可能属于系统误差，也可能属于偶然误差，但其误差值一般都明显超过相同条件下的系统误差和偶然误差，这种误差往往是由于测量者对仪器不了解、粗心等原因，导致测量结果严重偏离正确值。例如，读错刻度、记错数字、计算错误以及测量方法不对等引起的误差。通过统计检验方法和理论分析，确认是过失误差的测量数据，称为坏值或异常值，应该予以剔除。

3.1.3　削弱和消除系统误差的主要措施

对于偶然误差和过失误差的消除方法，前面已做简要介绍，这里只讨论消除系统误差的措施。

1．对测量结果进行校准

对仪器定期进行检定，并确定校准值的大小，检查各种外界因素，如温度、湿度、气压、电场、磁场等对仪器指示的影响。

2．替代法

替代法是指用一个可变的标准量代替被测量，且保持整个测量系统的工作状态不变，仪表本身和外界因素所产生的系统误差对测量结果没有影响。它常被广泛应用在测量元件参数上，如用电桥法或谐振法测量电容器的电容和线圈的电感量，可以消除对地电容、导线的分布电容、分布电感和电感线圈中的固有电容等因素对测量值的影响。

3．正负误差相消法

这种方法可以消除外磁场对仪表的影响。它通过对被测量进行正反两次位置变换的测量，然后将测量结果取平均来消除误差。

4．合理选择仪表量程

在仪表准确度已确定的情况下，量程大就意味着仪表指针偏转小，从而增大了相对误差（参见 3.2.1 节）。因此，在测量时要合理地选择量程，并尽可能地使仪表读数接近满量程位置。一般情况下，仪表的指针在 2/3 满刻度以上时才有较准确的测量结果。因此，应依据测试估计值的大小（预算实验的理论值），在测量过程中合理选择仪表量程，方可得到较小的最大相对误差。

3.2　测量误差的数据表示、记录和处理

测量结果通常用数字和图形两种形式表示。对用数字表示的测量结果，在进行数据处理时，除了应注意有效数字的正确取舍外，还应制定出合理的数据处理方法，以减小测量过程中随机误差的影响。对以图形表示的测量结果，应

考虑坐标的选择和正确作图方法，以及对所作图形的评定或经验公式的确定等。

3.2.1 测量误差的数据表示

1. 绝对误差

设被测物理量的真实值为 A_0，测量仪器给出的测量值为 X，则绝对误差 ΔX 定义为

$$\Delta X = |X - A_0|$$

由于真实值 A_0 通常是无法得知的，一般用更高一级的标准仪器的测量值或用理论值来代替。设该代替值为 A，则绝对误差为

$$\Delta X = |X - A|$$

2. 相对误差

相对误差 γ_A 是绝对误差与被测真值的比值，用百分数表示，即

$$\gamma_A = \frac{\Delta X}{A} \times 100\%$$

虽然绝对误差能够直接给出测量结果误差的大小，但却不能反映对测量结果的影响程度，而相对误差则可以很好地解决这一问题。例如，在测 1V 电压时的误差是 0.02V，测 10V 电压时的误差是 0.2V，两电压的绝对值误差相差 10 倍，而两者的相对误差却是一样的，即两者的测量效果是相同的。因此，不论是电子测量，还是其他方面的测量，对误差进行度量时，通常采用相对误差。

3. 引用误差

相对误差（又称容许误差）虽然可以说明测量结果的准确度，并衡量测量结果和被测量实际值之间的差异程度，但还不足以用来评价指示仪表的准确度。引用误差指一般测量仪器的准确度，也叫容许误差。它是根据技术条件的要求规定某一类仪器的误差不应超过的最大范围。引用误差是为了衡量仪表质量定义的，通常仪器（包括量具）技术说明书上所标明的误差都是指容许误差。绝对误差与仪器的满量程刻度值之比，以百分数表示，定义为引用误差：

$$\gamma_m = \frac{\Delta X}{A_m} \times 100\%$$

式中，γ_m 为引用误差，ΔX 为绝对误差，A_m 为仪表满刻度量程。

我国电工仪表的准确度等级 s 就是按引用误差 γ_m 分级的，共分七级：0.1、

0.2、0.5、1.0、1.5、2.5 和 5.0。例如，$s=0.5$，习惯上写成 $\gamma_m=\pm0.5\%$。

3.2.2　有效数字的表示和记录

在记录和计算数据时，必须掌握对有效数字的正确取舍。不能认为数据中小数点后面的位数越多，这个数据就越准确；也不能认为计算测量结果中保留的数位越多，准确度就越高。因为测量所得的结果都是近似值，这些近似值通常都用有效数字的形式来表示。

所谓有效数字，是指从左边第一个非零的数字开始，到右边最后一个数字为止所包含的数字。例如，测得的频率为 0.0234MHz，它是由 2、3、4 三个有效数字表示的频率值。在其左边的两个“0”不是有效数字，因为它可以通过单位变换写成 23.4kHz。其中末尾数字“4”，通常是在测量读数时估计出来的，因此称它为“欠准”数字，其左边的各有效数字均是准确数字。准确数字和欠准数字对测量结果都是不可少的，它们都是有效数字。

1. 有效数字的正确表示

（1）有效数字中，只应保留一个欠准数字。因此，在记取的测量数据中，只有最后一位有效数字是“欠准”数字。这样记取的数据表明被测量可能在最后一位数字变化±1 个单位。例如，用一个刻度为 50 分度、量程为 50V 的电压表测得的电压为 41.6V，则该电压是用三位有效数字来表示的，其中 4 和 1 这两个数字是准确的，而 6 是欠准的。因为它是根据最小刻度估计出来的，它可能被估读成 5，也可能被估读成 7，所以测量结果也可以表示为(41.6 ± 0.1)V。

（2）欠准数字中，特别要注意“0”的情况。例如，测量某电阻的数值为 13.600kΩ，表明前面的四个位数 1、3、6、0 是准确数字，最后一个位数 0 是欠准数字。如果改写成 13.6kΩ，则表明前面两个位数 1、3 是准确数字，最后一个位数 6 是欠准数字。这两种写法尽管表示同一个数值，但实际却反映了不同的测量准确度。

如果用“10”的方幂来表示一个数据，10 的方幂前面的数字都是有效数字。例如写成 $13.60\times10^3\Omega$，则表明它的有效数字为 4 位。

有效数字不能因采用的单位变化而增减。例如，测某一电流结果记为 1A，它是一位有效数字，若欲用 mA 为单位，则不能记为 1000mA，因为 1000 是四位有效数字。再如，一个记录数字为 $13.5\times10^5\Omega$，它表示三位有效数字，若用 kΩ 为单位，应记为 13.5×10^2kΩ，不能记为 1350kΩ；若用 MΩ 作为单位，应记为 1.35MΩ。总之单位变化时，有效数字位数不应变化。

（3）对于 π、$\sqrt{2}$ 等常数具有无限数位的有效数字，在运算时，可根据需要取适当的位数。

（4）当测量误差已知时，测量结果的有效数字位数应取得与该误差的位数相一致。例如，某电压测量结果为 4.471V，若测量误差为±0.05V，则该结果应改为 4.47V。

2．有效数字的记录

对于计量测定或通过各种计算获得的数据，在所规定的精确度范围以外的那些数字，一般都应该按照“四舍五入”的规则进行记录处理。

如果只取 n 位有效数字，那么第 $n+1$ 位及其以后的各位数字都应舍去。如采用“四舍五入”法则，对于 $n+1$ 位为“5”的数字则都是只入不舍的，这样就会产生较大的累计误差。目前广泛采用的“四舍五入”法则对 5 的处理是：当被舍的数字等于 5，而 5 之后有数字时，则可舍 5 进 1；若 5 之后无数字或为 0 时，只有在 5 之前为奇数，才能舍 5 进 1，如 5 之前为偶数（包括零），则舍 5 不进位。

下面是把有效数字保留到小数点后第二位的几个例子：

73.9504→73.95　　　　3.22681→3.23

523.745→523.74　　　　617.995→618.00

89.9251→89.93

3.2.3 有效数字的运算

1．加、减运算

由于参加加、减运算的各数据，必为相同单位的同一物理量，所以其精确度最差的就是小数点后面有效数字位数最少的。因此，在进行运算前应将各数据所保留的小数点后的位数处理成与精度最差的数据相同，然后再进行运算。

有时计算项目较多或测量数据较重要时，也可以多保留 1～2 位有效数字，以保证结果的精确性。

例如，求 214.75、32.945、0.015、4.305 四项之和：

$$\begin{array}{rrcr} & 214.75 & \rightarrow & 214.75 \\ & 32.945 & \rightarrow & 32.94 \\ & 0.015 & \rightarrow & 0.02 \\ + & 4.305 & \rightarrow & 4.30 \\ \hline & & & 252.01 \end{array}$$

2．乘、除运算

运算前对各数据的处理都应以有效数字位数最少的为标准，所得积和商的有效数字位数应与有效数字位数最少的那个数据相同。

例如，求 0.0121×25.645×1.05782，其中 0.0121 为三位有效数字，位数最少，所以应对另外两个数据进行处理：

$$25.645 \rightarrow 25.6$$
$$1.05782 \rightarrow 1.06$$

所以 0.0121×25.6×1.06 = 0.3283456→0.328。

若有效数字位数最少的数据中，其第一位数为 8 或 9，则有效数字位数应多计一位。例如，上例中 0.0121 若改为 0.0921，则另外两个数据应取四位有效数字，即

$$25.645 \rightarrow 25.64$$
$$1.05782 \rightarrow 1.058$$

所以 0.0921×25.64×1.058 = 2.49840775→2.498。

3．乘方与开方运算

运算结果应比原始数据多保留一位数字，如$(25.6)^2 = 655.4$，$\sqrt{4.8} = 2.19$。

4．对数运算

对数运算前后的有效数字位数应相等，如 $\lg 7.564 = 0.8787515 \rightarrow 0.8788$。

3.2.4　实验数据的处理

实验测量所得到的测量值，在经过有效数字修约、运算处理后，有时仍看不出实验规律或结果，因此必须对这些实验数据进行整理、计算和分析，才能从中找出实验规律，得出结果。常用的实验数据处理方法为列表法和图示法。

1．列表法

列表法是记录实验数据最常用的方法，测量时将测量结果填写在一个经过设计的、数据间有一定对应关系的表格中，以便清楚地从表格中得到各数据之间的简单关系。例如，表 3.1 所示的是某一电路输出的端电压值与负载电阻的对应关系。从表中可见，随着负载阻值的增大，其输出端电压值也增大，根据这几组数据可以绘出一条输出端电压与负载阻值变化的关系曲线。

表 3.1　输出端电压值与负载电阻的对应关系

R/Ω	0	100	200	300	500	1000	∞
U_L/V	0.01	2.00	4.00	6.00	10.00	20.00	24.00

列表法的关键是表格中测试点的设计，选择的测试点必须能够准确地反映测量量之间的关系，尤其不要遗漏一些关键测试点。例如，对于线性变化规律的测试量，如表 3.1 中的 $R=0$ 和 $R=\infty$ 这两点；对于非线性的测试量，若测试点描绘的曲线有转折区域，则在曲线的拐点附近要多选择几组测试点，如元件频率特性的实验（参阅第 6 章的表格）。

2. 图示法

图示法是指将测量数据用曲线表示的方法。在分析两个或多个物理量之间的关系时，用曲线表示它们之间的关系，往往比数字、公式表示更形象和直观。因此，测量结果常常要用曲线来表示。

在实际测量过程中，由于测量数据的离散性，如将测试点直接连接起来，所得曲线将呈折线状，如图 3.2 所示。但这样的曲线往往是错误的，应视情况绘出拟合曲线，使其成为一条光滑均匀的曲线，这个过程称为曲线的修匀，如图 3.3 所示。若测量数据点分散程度大时，则应将相应的点取平均值后再绘制曲线，如图 3.4 所示。对于明显脱离大多数测量数据所反映规律的个别点（称为奇异点），在修匀曲线的过程中应予以剔除。

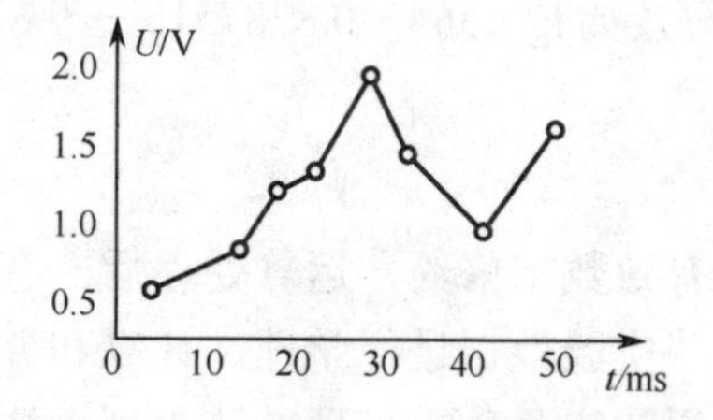

图 3.2　连成折线的各数据点（错误的曲线绘制）

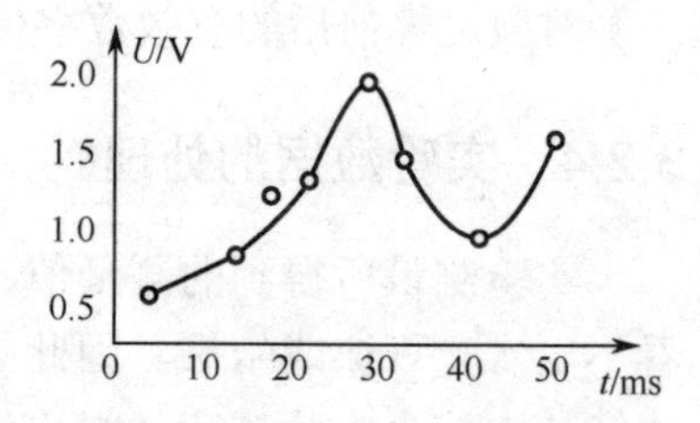

图 3.3　拟合后的实验数据曲线

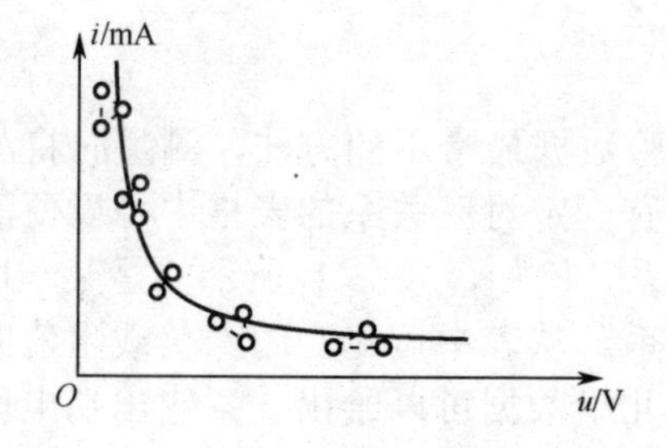

图 3.4　实验数据点分散程度大时的曲线绘制

绘制曲线时应注意以下几点：

（1）选择合适的坐标系。坐标系有直角坐标系、极坐标系和对数坐标系，不同的坐标系应选用各自专用的坐标纸来描述。

（2）正确标注坐标轴。在坐标系中，要标注原点。一般地，横坐标代表自变量，纵坐标代表因变量；在横、纵坐标轴的末端，要标明其所代表的物理量及其单位（参见 9.2.2 节）。

（3）合理选取测试点并进行坐标分度。被测量的最大值和最小值都必须测出。在曲线变化陡峭和拐点部分要多取几个测试点，在曲线变化平缓部分可少取一些测试点（参见 6.3 节）。

（4）分别标明记号。测试点的记号可用点“•”、圈“◦”、叉“×”、三角“Δ”等表示。同一条曲线测试点的记号要相同，而不同类别的数据，应以不同的记号加以区分。特别是对于一些复杂的实验电路，借助 Multisim 软件进行仿真实验，可以预先了解实验数据以及曲线、波形或其他图形的变化趋势，这对于判断实验结果及描绘曲线等，都很有帮助（参见 8.2 节）。

3.3 基本电量的测量方法

在电路实验中，经常要对各种电信号参数进行测量。由于各参数的性质不同，测量方法与测量所用的仪器也不尽相同，从而有多种用于测量电路参数的仪器和测量方法。下面介绍几种常用电信号参数的测试原理与测量方法。通过实验操作过程，可提高学生对基本实验测量技能的运用能力，掌握各种仪器设备的正确使用和操作方法。

3.3.1 电压的测量

在集总参数电路中，电压、电流和功率是表征电信号的三个基本参量，而电压的测量又是各种电量测量的基础。例如，增益、衰减、频率特性、失真度、调幅度等都以电压测量作为基础；还有许多电路参数可以通过测量电压后计算出，如电流、功率等。因此，掌握电压的测量方法是电路基础实验的专业技能，也是实验的重要手段。

被测电压主要有以下几个特点：

（1）频率范围宽，可能是直流、工频、超低频、低频、高频、超高频。

（2）波形种类繁多，除常见的正弦波外，还有直流、方波、脉冲波、调幅波及其他波形，如图 3.5 所示。

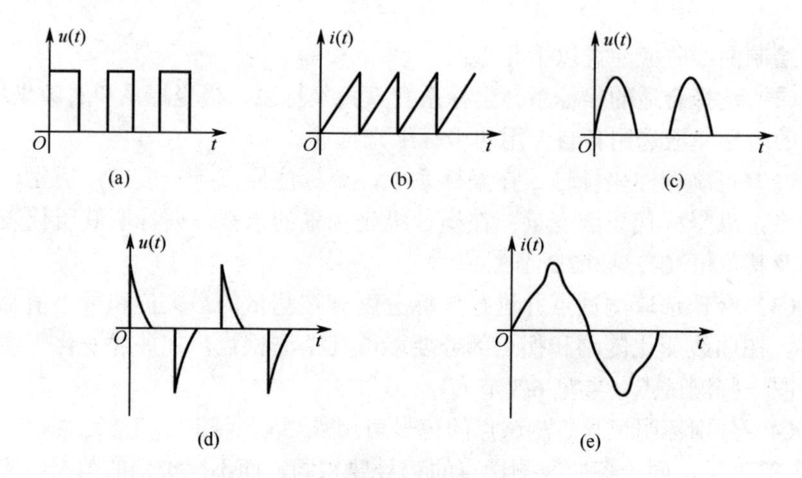

图 3.5 繁多的波形种类

（3）数值变化范围大，从微毫伏直到几十千伏。

（4）所在电路具有不同的内阻，可能很高，也可能很低。

由于被测电压具有不同的特点，因此选择测量方案和仪器应满足以下几点要求：

（1）频率范围。

（2）电压范围。

（3）输入阻抗。

（4）仪表精度。

（5）波形特征。

电压幅度的测量方法主要有直读测量法和示波器测量法两种。

1．用电压表测量

电压表的种类很多，可分为模拟式和数字式、直流电压表和交流电压表等。通过电压表的读数直接读取电压幅值的方法称为直读测量法。这种方法简单直观，是最基本的方法。除此之外，还有补偿法和微差法。注意，电压表一定要并联在被测电路两端。

测量直流电压要注意正负极性，测量交流电压要注意根据其频率范围，选择使用万用表或交流毫伏表。当用电压表测量正弦交流时，指针指示的数值是正弦有效值。但是对于函数关系复杂或未知的非正弦电压，此时最好采用示波器测量。

2．用示波器测量

用示波器测量电压最主要的特点是，能够正确地测定波形的峰值及波形各部分的大小，因此在需要测量某些非正弦波形的峰值或某部分波形的大小时，用示波器进行测量便成为必需的方法。

（1）直接法（又称标尺法）

双踪示波器的 Y 轴灵敏度已标出[(mV～V)/DIV]。使用前，要用校准信号校准各挡的灵敏度。然后，将被测信号加于示波器的 Y 输入端，从荧屏上直接读出被测电压波形的高度（DIV）。被测电压幅值灵敏度 = (mV～V)/DIV×高度（DIV）。

该测量方法会由于 Y 轴放大器增益的不稳定性而产生测量误差。

（2）比较法

用没有标出 Y 轴灵敏度的示波器测电压时，需要用比较法。测量时，先给示波器输入峰峰值为 5V 的方波信号，调节 Y 轴增幅，使其在屏幕的 Y 轴上占 5DIV，则 Y 轴灵敏度为 1V/DIV。对被测信号进行观察，如果读出正弦波信号的峰峰值为 4V，则幅值为 2V，有效值为 $\sqrt{2}$ =1.414V。

这种测量方法会由于屏幕上光迹和标尺刻度不在同一个平面上而产生读数误差。

用示波器测幅值时应注意：被测信号从 Y 轴输入端加入时，必须采用 DC 耦合方式，否则将会被滤除直流成分，只剩下交流部分，而不能反映真实情况。

电路实验常用来测量电压幅度的仪表和仪器有数字万用表、交流毫伏表和示波器。它们的性能比较如表 3.2 所示。实验中只有使仪器本身的技术特性与被测信号的特性相对应，才能取得良好的测量结果。

表 3.2　数字万用表、交流毫伏表、示波器性能比较

仪表或仪器名称	电压范围	频率范围	输入阻抗范围
VC97 型数字万用表	直流 1000V，交流 700V	700V 量程：50～100Hz 其余量程：50～500Hz	500mV 量程：＞100MΩ 其余量程为 10MΩ
UT56 型数字万用表	直流 1000V，交流 750V	50～500Hz	直流，10MΩ；交流，2MΩ
AS2295D 型交流毫伏表	300μV～300V（有效值）	5Hz～2MHz	1kHz 时，2MΩ
SS-7802A 型示波器	40V（峰峰值）	直流～20MHz	电阻 1MΩ，电容 20pF
DS5062 型示波器	40V（峰峰值）	直流～60MHz	电阻 1MΩ，电容 13pF

3．分贝数的测量

（1）分贝的概念

在测量放大器、衰减器以及通信系统的有关参数时，通常不直接测量电路中某点的电压或负载吸收的功率，而是要了解各个环节的增益与衰减的情

况，即要知道输出端U_o相对于输入端U_i变化的比，测量输出与输入之间的倍率，通常用对数表示，我们称之为“电平”，单位用 dB（分贝）表示。分贝测量实际上是交流电压的测量，指示表盘上以相对数值 dB 来刻度，如毫伏表、万用表、信号源均有 dB 刻度。当电压比的单位用分贝数表示时，表示式为

$$\text{dB数}=20\lg\frac{U_o}{U_i} \text{ 或 } \text{dB数}=10\lg\frac{P_o}{P_i}$$

直接用电压比或功率比的表示方法，往往因数量级太大而不便于作图计算。而用分贝表示就不存在这一问题，况且可以简化多级放大器放大倍数的计算。特别是在电声领域，人耳对声音强弱的感觉，不是与声功率的大小成正比的，而是与声功率的对数成正比的。因此，用功率比的对数来表示放大倍数或衰减倍数，更能适应人耳的听觉规律。

（2）分贝数的测量

电平是一个相对量，必须确定一个功率基准P_0或电压基准U_0。我们定义：功率电平是指电路上某点的功率P_x与基准功率P_0= 1mW 的比值用对数表示。通常基准功率P_0规定为在 600Ω 电阻上消耗 1mW 的功率，所以功率电平表示为

$$K_P[\text{dB}]=10\lg\frac{P_x}{P_0}=10\lg P_x$$

根据上述定义，若电路中某点的功率为 1mW，显然此点的功率电平为 0dB。

由$P_0=U_0^2/R$，$R=600\Omega$，可知$U_0=\sqrt{P_0R}=\sqrt{10^{-3}\times 600}=0.775\text{V}$。我们定义电路中任意点电压$U_x$和基准电压$U_0=0.775\text{V}$的比值取对数，为电压电平，即

$$K_V[\text{dB}]=20\lg\frac{U_x}{U_0}=10\lg\frac{U_x}{0.775}$$

根据上述定义，若电路中某点的电压为 0.775V，显然此点的电平为 0dB。所以在毫伏表与万用表的 dB 标尺上，相应于 0.775V 处刻有 0dB 的标志，大于 0.775V 时分贝为正值，小于 0.775V 时分贝则为负值。

分贝是用对数表示的功率比的单位，当它移用到电压比上时，应区别是相同电阻上的电压还是不同电阻上的电压。但很多仪器上的衰减器，各衰减挡的输出电阻是不同的，而它仍按$20\lg(U_o/U_i)$的表达式来决定分贝数的刻度；还有放大器的放大倍数，虽然输入电阻与输出电阻往往差异非常大，当用分贝数来表示电压放大倍数时，也还是取$20\lg(U_o/U_i)$这个表达式。将分贝当做量度的相对单位。如某信号源定 1μV 为 0dB，则 1V 为 120dB。当毫伏表

的量程置于×1 伏挡时，直接由表头的读数得到分贝值；当量程为其他各挡时，应将读数加一修正值：

$$实际值 = 所选挡的仪器读数 + 修正值$$

$$修正值 = 10\lg\frac{600\Omega}{Z_i} \quad （Z_i 为所测点的阻抗）$$

例如，若毫伏表挡位指示为 3V/10dB，在量程为 3V 挡时，仪器读数为−2dB，则实际值为−2 + 10 = 8dB。

3.3.2　网络的频域测量

正弦信号激励下，网络稳态响应与激励之间的关系称为网络函数。网络函数是一复数，若 $\dot{E}$ 为激励函数，$\dot{R}$ 为稳态响应，其一般形式定义为

$$H(\mathrm{j}\omega)=\frac{\dot{R}}{\dot{E}}=\left|H(\mathrm{j}\omega)\right|\angle\varphi(\mathrm{j}\omega)$$

式中，$\left|H(\mathrm{j}\omega)\right|$ 为网络函数的模，$\angle\varphi(\mathrm{j}\omega)$ 为网络函数的幅角。它们都是频率的函数，分别称为网络的幅频特性和相频特性。二者又统称为频率特性（参见 9.1 节）。

随着所选响应和激励的不同，网络函数可以有以下 6 种类型，如图 3.6 所示：

策动点阻抗：$z_{11}=\left.\frac{\dot{U}_1}{\dot{I}_1}\right|_{\dot{I}_2=0}$　　策动点导纳：$y_{11}=\left.\frac{\dot{I}_1}{\dot{U}_1}\right|_{\dot{U}_2=0}$

转移阻抗：$z_{21}=\left.\frac{\dot{U}_2}{\dot{I}_1}\right|_{\dot{I}_2=0}$　　转移导纳：$y_{21}=\left.\frac{\dot{I}_2}{\dot{U}_1}\right|_{\dot{U}_2=0}$

传输电压比：$t_{11}=\left.\frac{\dot{U}_2}{\dot{U}_1}\right|_{\dot{I}_2=0}$　　传输电流比：$h_{21}=\left.\frac{\dot{I}_2}{\dot{I}_1}\right|_{\dot{U}_2=0}$

一般用得较多的是策动点阻抗和传输电压比。网络函数可以分为两大类：一类是激励和响应属于同一端口，此时网络函数称为输入函数，如输入阻抗或导纳；另一类是激励和响应不属于同一端口，此时称之为转移函数或传输函数，如转移阻抗、传输电流比等。

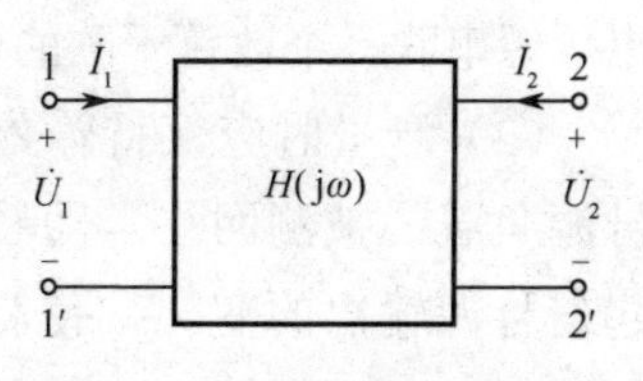

图 3.6　网络函数示意图

通过实验也可测量出频率特性。根据测量手段不同，可分为逐点描迹法和扫频测量法。

1．逐点描迹法

在电路实验中，可采用如图 3.7 所示的电路，测量策动点的阻抗。保持信号源输出幅度为一定值，根据被测网络频率作用的范围，改变信号源的频率，用毫伏表测量网络的输入电压U和取样电阻R_0上的电压U_R。需要说明的是，由于信号源的一端是接地的，因此被测网络的策动点端子不能接地，只能用信号源电压U_S近似代替策动点端子电压U，图中R_0是为测量电流而接入的，应很小，一般为 1～10Ω，测量出此电阻上的电压U_R，算出网络在不同频率时的电流值$I = U_R / R_0$，即可得策动点阻抗的模$|Z| = U_S / I$。对不同频率时策动点的阻抗模作曲线，就可得到策动点阻抗的幅频特性曲线。

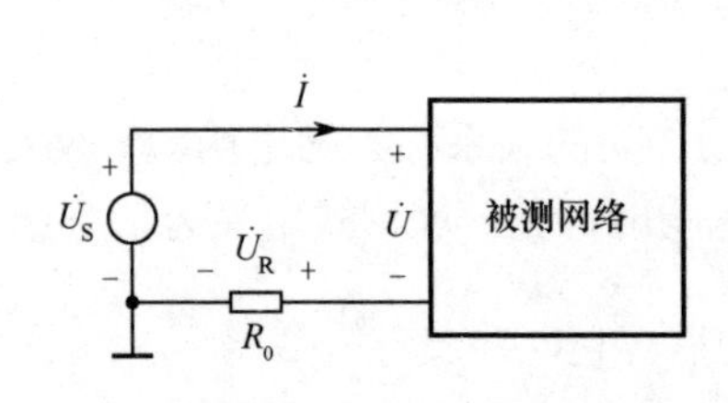

图 3.7　策动点阻抗的示例电路

用示波器的双踪法，测出不同频率时信号源电压和取样电阻上的电压的相位差，即可求得策动点阻抗的幅角，并作出相频特性曲线。

2．扫频仪法

频率特性测试仪是一种用示波管直接显示网络频率特性曲线的专用仪器，在测量宽频带放大器、接收机的中频放大器、高频放大器及滤波器等频率特性中得到广泛应用。

扫频仪的基本思想有两方面：一方面是把逐点法中用手动改变频率的正弦信号源改造为频率随时间按一定规律反复变化的正弦信号源，称为扫频信号源；另一方面是将频率特性直接显示在示波管屏幕上。

测量过程中，要注意如下几个问题：

（1）测量时应考虑信号源内阻对被测网络的影响。例如，测 RLC 串联谐振电路的幅频特性，要求信号源的内阻小，可用电压源；测并联谐振电路时要求信号源的内阻大，则应用电流源。但可变频率的电流源很少，通常采用电压源串联一个数百千欧的电阻，作为等效恒流源使用。

（2）测量时应保持输入信号为一定值。一般信号源均有内阻，作为信号源负载的被测网络，随频率改变，网络的输入阻抗也有所变化，因而引起信号源输出的变化，使测量误差增加。故要求每次改变频率后，均应重新调节信号源的输出，使其保持为一定值。这样测量结果才能反映网络自身的特性（参见 6.3 节）。

（3）在多台电子仪器共同使用时，应注意共地连接，否则测量误差将增大，甚至出现不合理的现象（参见 9.2 节）。

（4）正确选用坐标纸并选好坐标，使所作的曲线能反映被测网络的特性。

3.3.3　网络的时域测量

对于线性网络，根据响应与激励的因果关系，可将响应分解为零输入响应和零状态响应。零输入响应是激励为零时，仅由初始状态引起的响应。零状态响应是初始状态为零时，仅由激励引起的响应。初始状态与激励共同引起的响应称为全响应。所以

全响应 = 零输入响应 + 零状态响应

若网络是稳定的，则零输入响应总是具有指数衰减的形式。对于一阶网络，零输入响应的一般形式是

$$x(t) = x(0^+)\mathrm{e}^{-\frac{t}{\tau}}$$

响应是按指数规律单调衰减的，衰减的快慢与网络参数有关，即取决于网络的时间常数τ。对于 RC 电路，$\tau = RC$；对于 RL 电路，$\tau = L/R$。零输入响应与网络的初始状态呈线性关系。

零状态响应除了与网络参数有关外，还取决于外加激励，由于外加激励是多种多样的，因而响应也是多样的。但是，有两种零状态响应是基本的，即网络的阶跃响应和冲激响应。阶跃响应是网络在阶跃信号激励下的零状态响应；冲激响应是网络在冲激信号激励下的零状态响应。线性电路对随时间按任意规律变化的信号的响应，是它的单位冲激响应与输入函数的卷积。因此，只要求得到网络的单位冲激响应，就可以通过卷积求得网络的零状态响应。一个电路的单位冲激响应是其单位阶跃响应对时间的导数，单位阶跃响应是其单位冲激响应对时间的积分。因此，网络的阶跃响应与冲激响应，可以表征一个网络的特性。

用示波器可以观察瞬态特性的波形。网络的瞬态特性是时间的函数，因此可以用示波器来观察响应的波形。但由于响应的瞬态过程通常都是很短的，而且往往是非周期的，除示波器的单次扫描可以观察外，很难获得稳定的波形。为了方便观察响应波形，必须使其周期性地重复出现。网络的阶跃响应、冲激响应和脉冲响应的观测可以参考第 8 章。一阶电路响应的测量，包括时间常数的测量，积分波形、微分波形的观测，以及二阶电路响应的测量，均可参阅本书第 8 章。

3.3.4 减小误差的途径

进行有效而可靠的测量，只有将误差控制在一定范围内，才能满足精度的需求。所谓精度（即精确度或准确度）是指测量的指示值与实际值之间的一致程度。在给定实验仪器的条件下，应从以下方面减小误差来提高测量精度。

1．合理选择量程与正确使用仪表

仪表的精度等级是由引用误差来标明的。例如，某仪表在规定的使用条件下，最大绝对误差范围为最大量程（满刻度值）的 0.5%，用这个引用误差百分数的分子作为该仪表精度等级，即该仪表的精度是 0.5 级。虽然有引用误差，但它不是该仪表在实际测量中出现的误差，仪表的最大绝对误差与其量程成正比。因此在不超出量程的情况下，选择的量程越小，测量精度越高。这样，当指针在偏转过刻度盘 2/3 以上的位置时，测量才准确。

同等级的仪表在测量同一个值时，会出现不同的误差，严重时两表误差正负异号；指针式仪表与数字仪表混用时，也会加大误差值。在实际测量中，同一组数据应当用同一个仪表测量，以消除附加的误差。例如，某些电压源、电流源等仪器，自身带有电压表或电流表，这些仪表的显示值与学生在实验中所测的其他电压或电流值，是使用两个仪表测量的值，不应作为同一组数据来处理。另外，一些仪表使用时的放置方式对测量误差也是有影响的，如立式仪表卧式使用时测量误差可能会增大，因而在使用仪表时应该注意仪表是立式使用还是卧式使用，不要用错。

2．合理选择测试电路与适当选择元器件的参数

测量仪器的接入对被测电路会产生一定的影响，根据电路结构及仪器特性的不同，将待测量仪器合理地接入电路，可有效降低测量误差。如在测量电阻的伏安特性时，应根据电阻的大小来确定电流表与电压表的相对位置。

在研究电路特性时，需要对元器件的参数进行调整，如对电阻值或电容值的调整（电感值的调整范围有限），应选择电阻值使电路的输入电阻（或阻抗）远大于信号源的输入内阻，选择电容值使电路的输出阻抗远小于测试仪器的输入阻抗。

3．正确读取数据

使用模拟式仪表进行测量时，测量结果通常是用刻度给出的，因此在读取数据时，首先要姿势正确；正面观测仪表，视线应该垂直于刻度盘；弄清每个分格所代表的量值，根据有效位确定估读分格的数位，然后直接读出所

测量的电量值。使用数字仪表时，有效数字的位数体现在每个测量数据中。例如，用数字万用表测量电压时，无论是 mV 级还是 V 级，仪表均显示 3 位半或 4 位半数字，记录数据时，应根据有效位，将多余的数位舍去。这样既保证了测量精度，又节省了时间，数据也显得整齐。

练习与思考

1. 简述测量误差的定义和来源，绝对误差和相对误差有何联系和区别？
2. 根据实验测得的数据和有效数字的运算，分别计算下列各题的有效数字。

（1）求 $412.18 + 94.265 + 0.961 + 28.351 + 7.55$。

（2）求 $0.035 \times 54.245 \times 1.06798$。

（3）求 $0.087 \times 64.25 \times 1.058$。

（4）$(2.6)^2 =$ ________，$\sqrt{6.05} =$ __________，$20\lg 9.654 =$ __________。

3. 为什么信号源发生器的输出电压幅度在接入被测电路后可能会发生变化？其变化程度与什么因素有关？
4. 应该如何测量带有直流成分的交流电压信号？

第 4 章　电路基础实验仿真软件

电路仿真是指在计算机上通过软件来模拟具体电路的实际工作过程。本章主要介绍电子设计与仿真软件 Multisim 10.0 的简明使用方法和一些电路应用实例。软件的开发和更新较快，National Instruments 公司开发的 EDA 软件中，Multisim 10.0 是技术上更为先进的软件。通过本章的学习实践和设计实例，从电路搭建、参数设置、后期报告分析、绘制电路板等步骤，可使学生了解和掌握电路仿真软件的应用，培养学生掌握高新技术的能力和工程实践能力。

4.1　引言

电路设计是电子产品设计、开发和制造过程中十分关键的一步。在电子技术的发展历程中，传统的设计方法是：首先由设计人员根据自己的经验，利用现有的通用元件、器件（以下简写为元器件），完成各部分电路的设计、搭试、性能指标测试等，然后构建整个系统，最后经调试、测量等达到规定的指标。这种方法不但花费大、效率低、周期长，而且基本上只适用于早期较为简单的电子产品的设计，对于比较复杂的电子产品的设计则越来越力不从心。

电子设计自动化（Electronic Design Automation，EDA）是以计算机为工作平台，融合电子技术、计算机技术、信息处理技术、智能化技术等成果的计算机设计软件系统。它从系统设计入手，先在顶层进行功能划分、行为描述和结构设计，然后在底层进行方案设计与验证、电路设计与 PCB 设计。在这种方法中，设计过程的大部分底层工作均由计算机自动完成。采用 EDA 技术不仅可以使印制电路板的设计和实验的仿真工作在计算机上实现，而且可在不建立电路数学模型的情况下，对电路中各个元器件存在的物理现象进行分析，因此被誉为“计算机里的实验室”。EDA 是电子技术发展历程中的一种先进的设计方法，是当今电子设计的主流手段和技术潮流，是电子设计人员必须掌握的一门技术。

电子电路设计与仿真软件 Multisim 是用于从电路仿真设计到版图生成全过程的电子设计工作平台，是一套功能完善、使用方便的 EDA 工具。其中，Multisim 10.0 是 National Instruments 公司近期推出的版本，提供了相当广泛的元器件，从无源器件到有源器件、从模拟器件到数字器件、从分立元件到集成电路，有数千个元器件模型；同时提供了种类齐全的电子虚拟仪器，操作类似于真实仪器。此外，还提供了电路的分析工具，以完成对电路的稳态和瞬态分析、时域和频域分析、噪声和失真分析等，帮助设计者全面了解电路性能。通常在电路设计实际操作之前，要使用 Multisim 软件先完成仿真实验，优化参数，并获得接近于理论计算的（仿真）数据。

4.2　Multisim 仿真软件使用介绍

4.2.1　软件基本操作方法

1．Multisim 10.0 界面介绍

Multisim 10.0 启动后的操作界面如图 4.1 所示，主要包含以下几个部分：标题栏、主菜单栏、标准工具栏、元器件库、仿真电源开关、虚拟仪器仪表库等。界面中的电路平台是 Multisim 10.0 的主工作窗口，所有电路的输入、链接、编辑、测试及仿真均在该窗口内完成。

（1）主菜单栏

Multisim 10.0 的主菜单栏如图 4.2 所示，其主要由文件、编辑、显示、放置、单片机、仿真、转移、工具、报告、选项、窗口、帮助等菜单构成。这些菜单提供编辑电路、设定视窗、添加元器件、单片机专用仿真、模拟仿真、生成报表、系统界面设定及提供帮助信息等功能。

（2）标准工具栏

主菜单栏下为标准工具栏，包括设计工具栏，如图 4.3 所示。像大多数 Windows 应用程序一样，Multisim 10.0 把一些常用功能以图表按钮的形式排列成一条工具栏，以便于用户使用。各个图标按钮的具体功能可参阅软件相应菜单中的说明。

（3）元器件库

Multisim 10.0 提供了丰富的、可扩充和自定义的电子元器件。元器件根据

不同类型被分为 16 个元器件库，这些库均以图标形式显示在主窗口中，如图 4.4 所示。下面简单介绍常用元器件库所含的主要元器件。

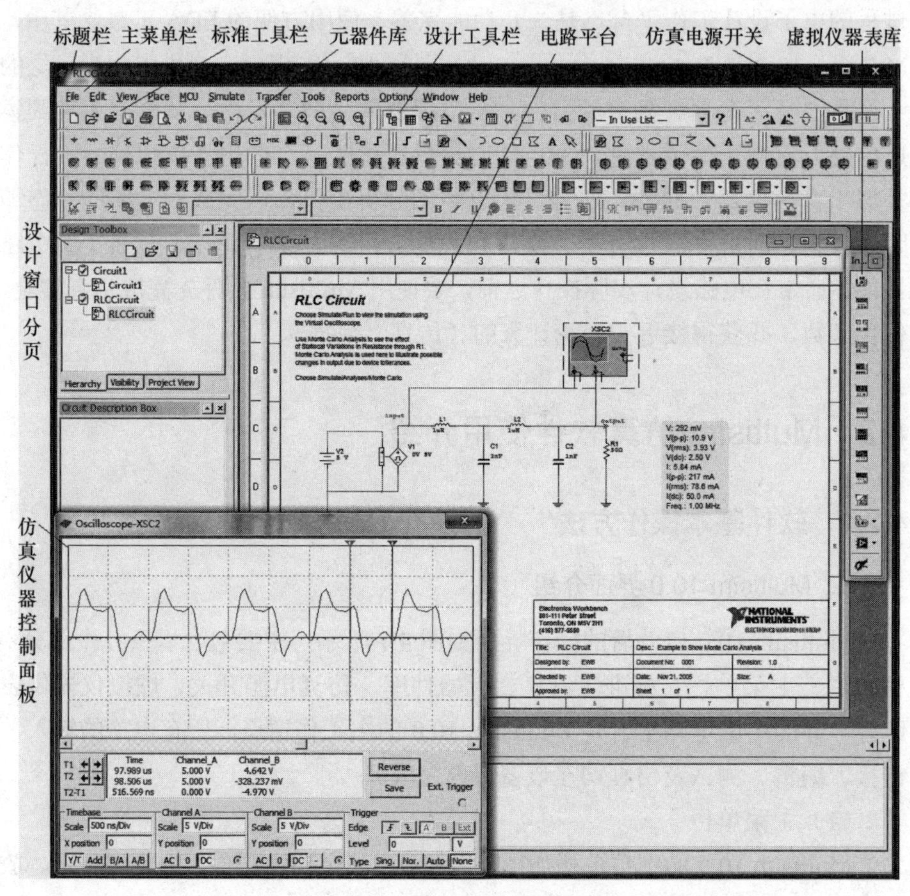

图 4.1　Multisim 10.0 操作界面

File　Edit　View　Place　MCU　Simulate　Transfer　Tools　Reports　Options　Window　Help

图 4.2　主菜单栏

--- In Use List ---

图 4.3　标准工具栏

图 4.4　元器件库

2．Multisim 10.0 元器件库

Multisim 10.0 提供的元器件有实际元器件和虚拟元器件两种，使用时需要注意的是，虚拟元器件的参数可以修改，而每个实际元器件都与其型号相对应，参数不可改变。在设计电路时，应尽量选取在市场上可购到的实际元器件，并在仿真完成后直接转换为 PCB 文件。但在选取不到某些参数或要进行温度扫描、参数分析时，可以选取虚拟元器件。

（1）信号源库（Sources）

该库包括直流电压源与电流源、交流电压源与电流源、各种受控源、AM 源、FM 源、时钟源脉宽调制源、压控振荡器和非线性独立电源等，如图 4.5 所示。

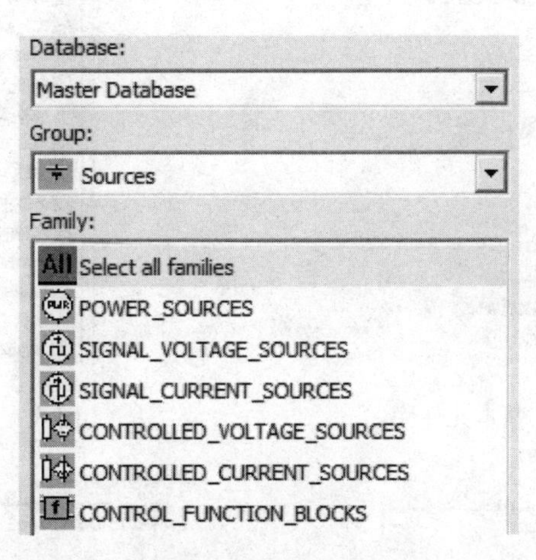

图 4.5　信号源库

（2）基本元件库（Basic）

该库包括电阻、电容、电感、变压器、继电器、各种开关、电流控制开关、电压控制开关、可变电阻、电阻排、可变电容、电感对和非线性变压器等，如图 4.6 所示。

（3）晶体管库（Transistors）

该库包括 NPN 晶体管、PNP 晶体管、各种类型场效应管等，如图 4.7 所示。

（4）二极管库（Diodes）

该库包括普通二极管、齐纳二极管、发光二极管、肖特基二极管、稳压二极管、二端和三端晶闸管开关、全波桥式整流电路等，如图 4.8 所示。

（5）CMOS 器件库（CMOS）

该库包括各种类型的 CMOS 集成电路等，如图 4.9 所示。

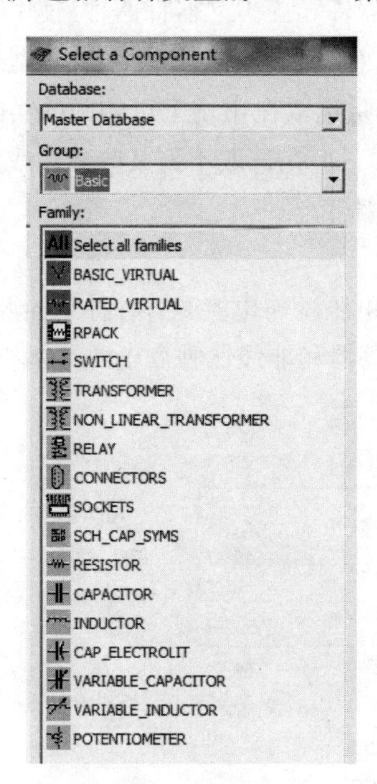

图 4.6　基本元件库

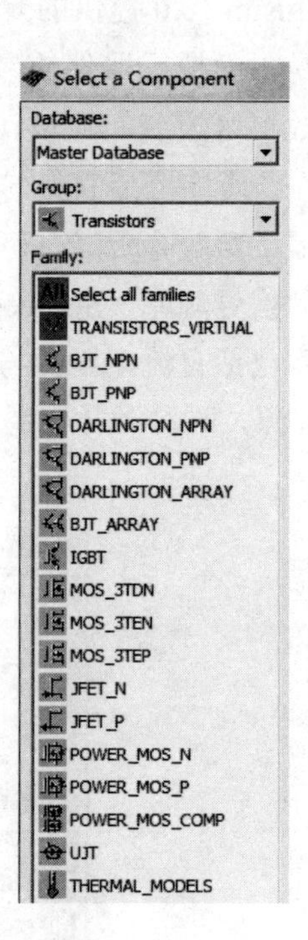

图 4.7　晶体管库

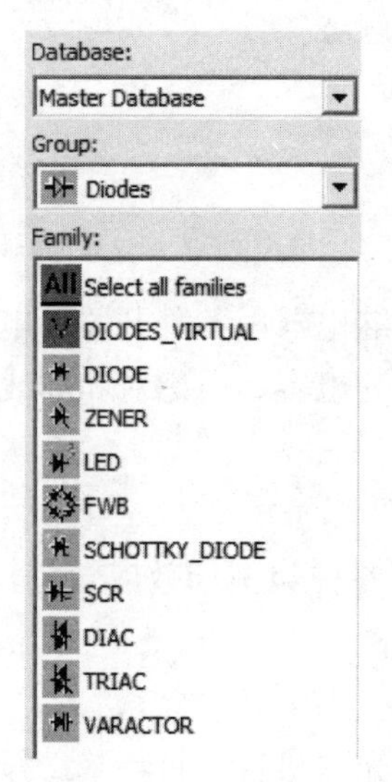

图 4.8　二极管库

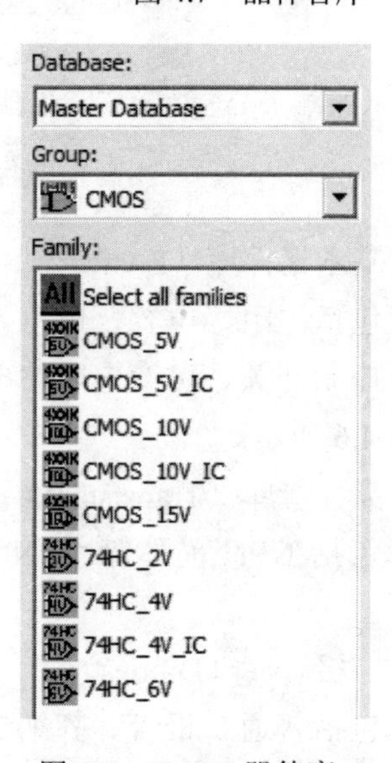

图 4.9　CMOS 器件库

（6）TTL 器件库（TTL）

该库包括各种类型的 74 系列数字集成电路等，如图 4.10 所示。所有芯片的功能、引脚排列、参数和模型等信息都可以从属性对话框中获取。

（7）模拟器件库（Analog）

该库包括各种运算放大器、电压比较器、稳压器和专用集成芯片等，如图 4.11 所示。

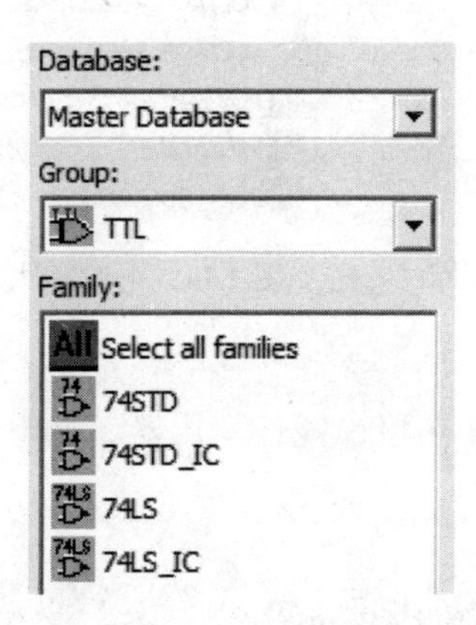

图 4.10　TTL 器件库

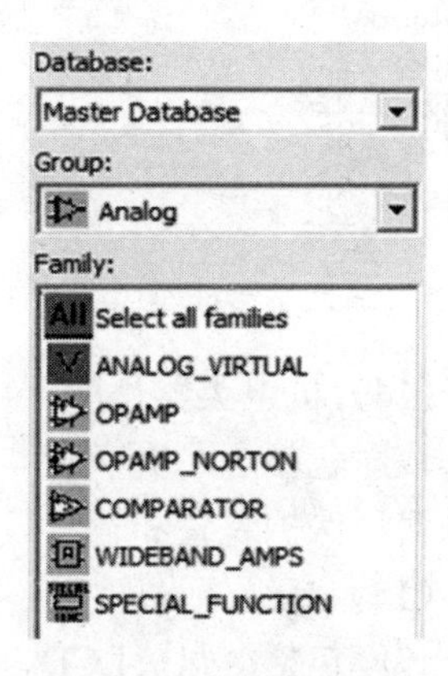

图 4.11　模拟器件库

（8）其他数字器件库

该库包括 DSP、CPLD、FPGA、微处理器、微控制器、有损传输线、无损传输线等。

（9）指示器件库（Indicators）

该库包括电压表、电流表、探测器、蜂鸣器、灯泡、十六进制显示器、条形光柱等，如图 4.12 所示。

（10）混合集成器件库（Mixed）

该库包括定时器、A/D 转换器、D/A 转换器、模拟开关、多谐振荡器等，如图 4.13 所示。

（11）电源器件库（Power）

该库包括各种熔断器、调压器、PWM 控制器等，如图 4.14 所示。

（12）其他器件库

该库包括真空管、光耦器件、电动机、晶振、传输线、滤波器等。

（13）射频器件库

该库包括射频电容、感应器、三极管、MOS 管、隧道二极管等。

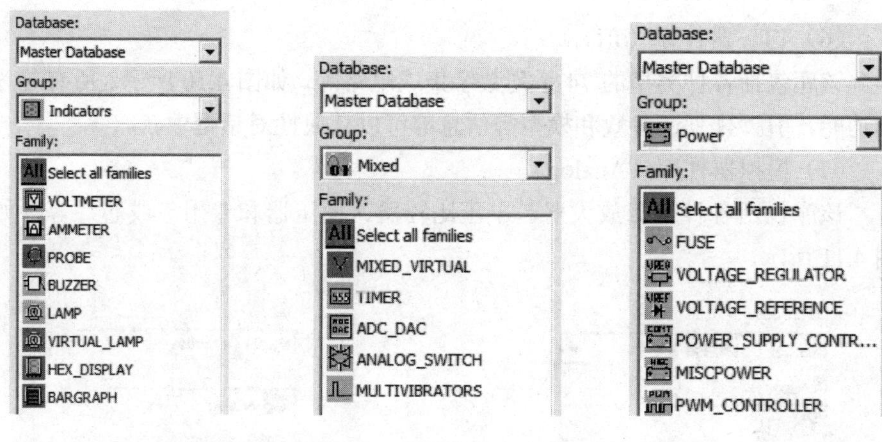

图 4.12　指示器件库　　图 4.13　混合集成器件库　　图 4.14　电源器件库

（14）机电类器件库

该库包括各种开关、电动机、螺线管、加热器、线性变压器、继电器、接触器、保护装置和输出装置等。

（15）高级外设库

该库包括键盘、LCD、模拟终端机和模拟外围设备等。

（16）单片机模块库

该库包括 805x 的单片机、PIC 微控制器、RAM 及 ROM 等。

3. Multisim 10.0 测试仪器库（Instruments）

仪器、仪表是在电路测试中必须用到的工具。Multisim 10.0 虚拟仪器仪表库如图 4.15 所示。Multisim 10.0 提供的虚拟仪器仪表，除包揽了一般电子实验室常用的测量仪器外，还拥有一些一般实验室难以配置的高性能测量仪器，如安捷伦（Agilent）的 33120A 型函数信号发生器、安捷伦的 54622D 型示波器、逻辑分析仪等。这些虚拟仪器不仅功能齐全，而且面板结构、操作方法几乎和真实仪器一模一样，使用非常方便。

图 4.15　虚拟仪器仪表库

（1）数字万用表

Multisim 10.0 提供的仪器、仪表都有两个界面，分别称为图标和面板。图标用来调用仪器、仪表，而面板用来显示测量结果。

数字万用表的图标和面板如图 4.16 所示。在电子平台上双击图 4.16(a)所示的图标，会出现图 4.16(b)所示的面板。使用时，其连接方法、注意事项与实际万用表相同，也有正、负极接线端，它能自动调节量程，完成交直流电流、电压和电阻的测量，也可以分贝（dB）的形式显示电流和电压。

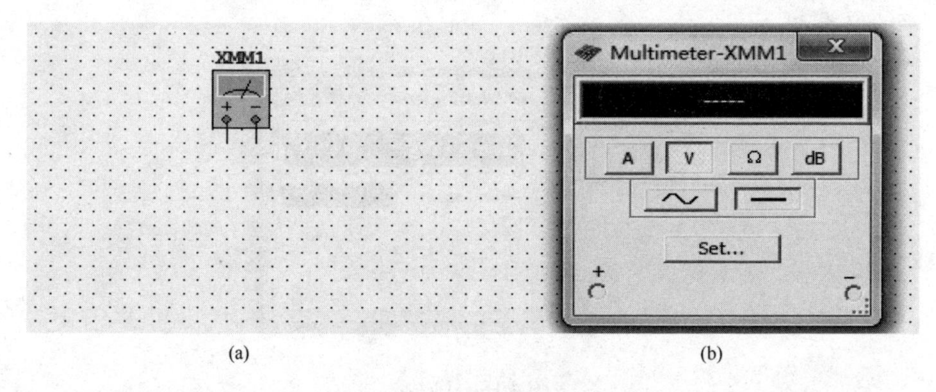

(a)　　　　　　(b)

图 4.16　数字万用表

（2）函数信号发生器

Multisim 10 提供的函数信号发生器（Function Generator）如图 4.17 所示，是用来产生正弦波、三角波和方波信号的仪器。使用时可根据要求在波形区（Waveforms）中选择所需要的信号；在信号选项区（Signal Options）中可设置信号源的频率（Frequency）、占空比（Duty Cycle）、幅度（Amplitude）、偏置电压（Offset）等；单击 Set Rise/Fall Time 按钮，可以设置方波的上升时间和下降时间。

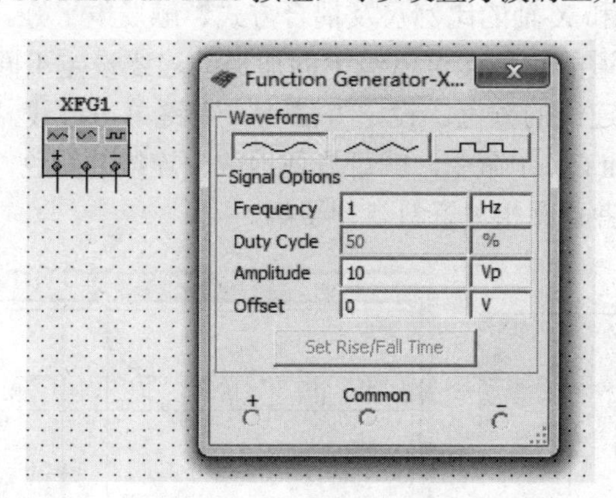

图 4.17　函数信号发生器

函数信号发生器有“+”、Common、“−”三个接线端子，分别表示电压信号的正极性输出端、公共接地端和负极性输出端。连接“+”和 Common 端子时，输出信号为正极性信号；连接 Common 和“−”端子时，输出为负极性信号；同时连接两个端子，且将 Common 端子接地时，则输出两个幅度相同、极性相反的信号。

（3）功率计（瓦特表）

Multisim 10 提供的功率计如图 4.18 所示，是用来测量交流或直流电路功率的仪器。

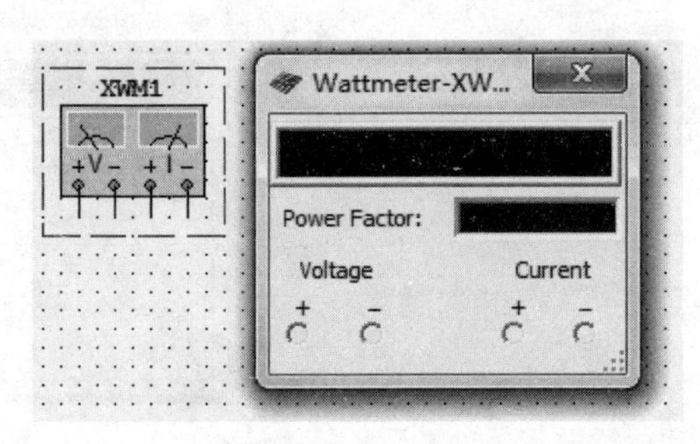

图 4.18 功率表

使用时应注意，电压线圈的接线端子的“+”端要与电流线圈的“+”端连接在一起，电压线圈要并联在待测电路两端，而电流线圈要串联在待测电路中。仿真时，功率表可以显示有功功率与功率因数。

（4）示波器

Multisim 10 提供的双通道示波器（Oscilloscope）如图 4.19 所示。面板上有 A、B 两个通道信号输入端，以及外部触发信号输入端。可在面板中分别设置两个通道 Y 轴和 X 轴的比例尺及耦合方式、触发电平等。为了在示波器屏幕上区分不同通道的信号，可以给不同通道的连线设定不同的颜色，波形颜色就是相应通道连线的颜色。设定方法为：右键单击连线，从弹出的快捷菜单中选择 Segment Color 命令，就可方便地改变连线的颜色。其他仪器、仪表的使用方法请读者查阅相关资料自行了解。

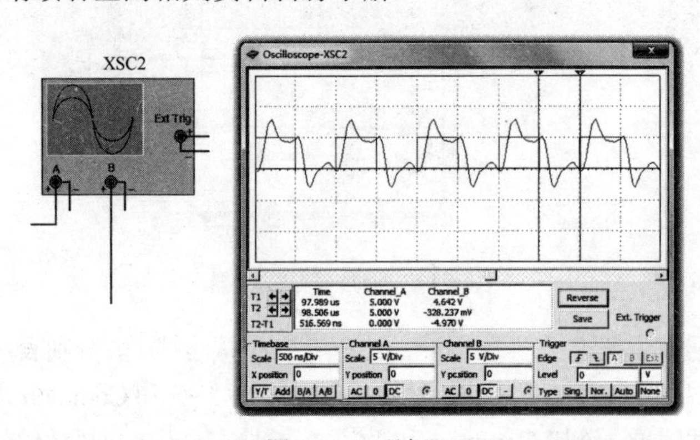

图 4.19 示波器

（5）波特图仪

波特图仪是一种测量并显示幅频和相频特性曲线的仪表。它能够产生一个频率范围很宽的扫描信号，常用于分析滤波电路的特性。波特图仪的图标和面板如图 4.20 所示。它的图标有两组端口，左侧的 IN 是输入端口，其“+”、“-”输入端分别接被测电路输入端的正、负端子；右侧的 OUT 是输出端口，对应接被测电路输出端的正、负端子。

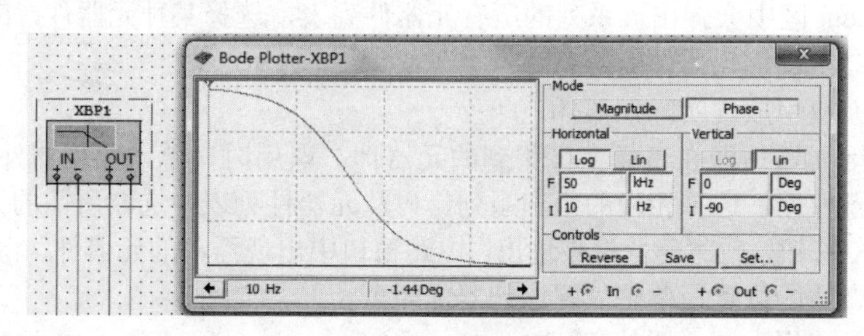

图 4.20 波特图仪

4.2.2 建立电路

运行 Multisim 10.0 软件，系统会自动打开一个空白的电路文件，也可以单击标注工具栏中的“新建”按钮，新建一个空白的电路文件。

1. 界面设置

创建电路时，可对 Multisim 10.0 的基本界面进行一些必要的设置，使得在调用元器件和绘制电路时更加方便。

选择主菜单命令 Options/Global Preference，将弹出对话框。在此对话框中可设置是否连续放置元器件，设定是否显示元器件的标识、序号、参数、属性、电路节点编号，选择电子图纸电子平台背景颜色和元器件颜色，设置电子图纸是否显示栅格、纸张边界、纸张大小、设置导线和总线的宽度以及总线布线方式、设定符号标准等。Multisim 10.0 提供了两套电器元器件标准：美国标准（ANSI）和欧洲标准（DIN）。我国的现行标准比较接近欧洲标准，所以一般设定为欧洲标准。

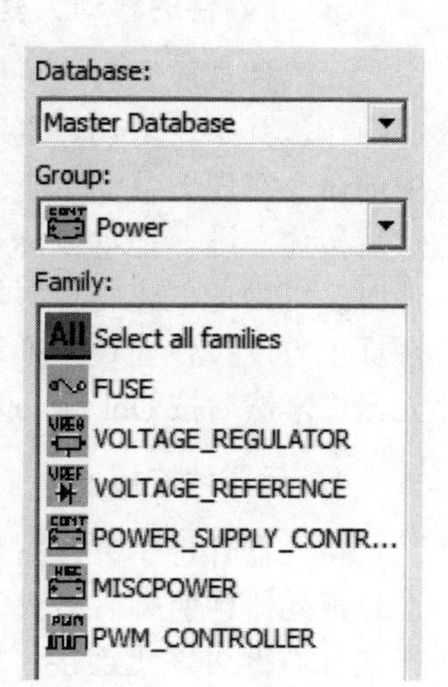

图 4.21 电源器件库浏览窗口

2. 元器件调用

（1）查找元器件

Multisim 10.0 中有两种方法可以查找元器

件：一是分门别类地浏览查找，二是输入元器件名称搜索查找。第一种方法适合初学者和对元器件名称不太熟悉的人员，第二种方法适合对元器件库相当熟悉的使用者。这里主要介绍第一种方法。

在元器件库中单击任何一类元器件按钮，将弹出元器件库浏览窗口。例如，电源器件库的浏览窗口如图 4.21 所示。在该浏览窗口中首先在 Group 下拉列表中选择元器件组，再在 Family 下拉列表中选择相应的系列，这时 Component 区中会弹出该系列的所有元器件列表，选择某种元器件，Function 区中就会出现该元器件的信息。

（2）取用放置实际元器件

实际元器件即在市场上可买到的元器件。取用时，单击要用器件所属的实际元器件库，选择相应的组和系列，再从元器件列表中选取所需的元器件，单击 OK 按钮，此时元器件被选出，电路窗口中出现浮动的元器件，将该元器件拖至合适的位置，单击放置该元器件即可。

（3）取用虚拟元器件

取用方法和取用实际元器件一样。不同的是，虚拟元器件的参数值可由用户自行定义，设置的参数可以是市场上没有的，可由用户根据自己的需要进行虚拟设置。

（4）设置元器件属性

每个被取用的元器件都有默认的属性，包括元器件标号、元器件参数值、显示方式和故障等，用户只需双击元器件的图标，即可通过属性对话框对其属性进行修改。

3．元器件的移动、复制、删除

元器件被放置后还可以任意执行剪切、复制、旋转、着色、搬移和删除等操作。其中，剪切、复制、旋转和着色等操作，可通过选择右键快捷菜单中的命令实现。移动单个元器件时，可用鼠标指针指向所要移动的元器件，然后按住左键，拖动鼠标指针至合适位置后放开左键即可；移动整个区域元件时，可用选框先将该区域中的元器件选中，将鼠标指针停在任意一个元件图标上方，按住左键，拖动鼠标指针进行移动。删除元器件时，只需选中该元器件，然后按 Del 键，但此操作在仿真（运行）模式下不能运行。

4．元器件连接

将元器件选中并放置到电路窗口中后，单击元器件引脚，拖动鼠标指针至目标元器件引脚后再次单击，即可完成连接。在连线过程中，按 Esc 键或单击鼠标右键可终止连接。如果需要断开已连好的连线并移动到其他位置，可将鼠标指针放置到要断开的位置单击后，移动鼠标指针至新的引脚连接位置，再次单击即可完成连线。

要检验连线是否连接可靠，可以拖动元器件，若连线跟着移动，则表明已连接可靠。

要改变连接线的颜色，可右键单击连线，从弹出的快捷菜单中选择 Change Color 命令，如图 4.22 所示，即可修改连线的颜色。

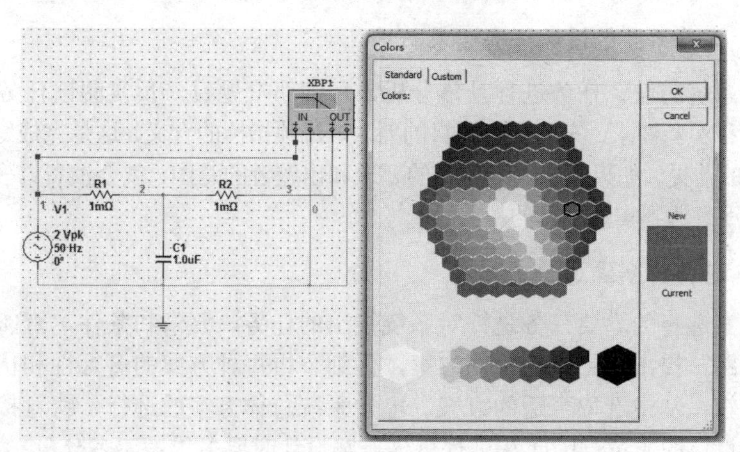

图 4.22　改变线条颜色

5．仪器、仪表的调用及连接

仪器、仪表的调用及连接与元器件的调用及连接方法相同。单击虚拟仪器仪表库中的仪器、仪表图标按钮，鼠标指针将变成虚拟仪器、仪表的图标形状，在电路窗口中单击可调入仪器，然后将仪器、仪表连入待测电路即可。

仿真电路创建成功，并连接测试仪器、仪表后，可对文件进行保存，以便用于后续运行仿真、查看分析、测试结果等。

4.3　电路设计的方法与步骤

综合设计实验一般给出一个设计任务或实验题目、规定指标和参数，要求自主设计和实现实验方案，并达到任务书所要求的指标和参数。

综合设计实验的目的是，让学生站在一个新的、更高的层面上审视和考虑问题，通过若干综合型、设计型、应用型实验，开阔思路，锻炼综合、系统地应用已学到的知识，了解电子系统设计的方法、步骤、思路和程序，进一步提高独立解决实际问题的能力。在已基本掌握具有不同功能的单元电路的设计、安装和调试方法基础上，设计出具有各种不同用途和一定工程意义的电子电路。深化所学理论知识，培养综合运用能力，增强独立分析与解决问题的能力。训练培养严肃认真的工作作风和科学态度，为以后从事电子电路设计和研制电子产品打下初步基础。

4.3.1 设计型实验的方法与步骤

1. 明确系统的设计任务要求

对系统的设计任务进行具体分析，仔细研究题目，反复阅读任务书，明确设计和实验要求，充分理解题目的要求、每项指标的含义，这是完成综合设计和实验的前提。如果没有搞清题目的要求和出题者的意图，就会浪费许多时间和精力却没有达到实验的目的。

2. 总体方案确定

方案选择的重要任务是针对系统提出的任务、要求和条件，查阅资料，广开思路，提出尽量多的不同方案，仔细分析每种方案的可行性和优缺点，加以比较，从中选取合适的方案。电子系统总体方案的选择，将直接决定电子系统设计的质量。因此在进行总体方案设计时要多思考、多分析、多比较。要从性能稳定性、工作可靠性、电路结构、成本、消耗、调试维修等方面综合考虑，选出最佳方案。在选择过程中，常用框图表示各种方案的基本原理。框图一般不必画得太详细，只需说明基本原理即可。

一旦方案选定，就要着手构筑总体框图，将系统分解成若干模块，明确每个模块的大体内容和任务、与模块之间的连接关系及信号在各模块之间的流向等。总体方案与框图十分重要，可以先构建总体方案与框图，再将总体指标分配给各个模块，指挥与协调各模块的工作，以达到完成总体项目的目标。完整的总体框图能够清晰地表示系统的工作原理、各单元电路的功能、信号的流向及各单元电路间的关系。

3. 单元电路设计

各模块任务与指标确定后，就可设计模块中的单元电路，包括具体电路的形式、电路元器件的选择、参数的计算等。这一阶段可以充分检验基础理论知识和工程实践能力，以便了解能否将多门课程的知识综合、灵活地应用，对单元电路的原理和功能是否真正理解透彻，能否将各种单元电路巧妙地组合成一个系统来完成某一任务等。

每个单元电路设计前都需要明确本单元电路的任务，详细拟定出单元电路的性能指标：注意各单元电路之间的相互配合和前后级间的关系，尽量简化电路结构；注意各部分输入信号、输出信号和控制信号的关系；注意前后级单元间信号的传递方式和匹配，并应使各单元电路的供电电源尽可能地统一，以便使整个电子系统简单可靠。选择单元电路的组成形式，可以模仿成熟的先进电路，也可以进行创作或改进，但都必须保证性能要求。必要时，还应该参阅一些课外材料，以补充课本知识的不足。

（1）参数计算

在进行电子电路设计时，应根据电路的性能指标要求决定电路元器件的参数。例如，根据电压放大倍数的大小，可决定反馈电阻的取值；根据振荡器要求的振荡频率，利用公式可算出决定振荡频率的电阻和电容数值等。但一般满足电路性能指标要求的理论参数值不是唯一的，设计者应根据元器件性能、价格、体积、通用性和货源等方面灵活选择。计算电路参数时应理解电路的工作原理，正确利用计算公式，以便满足设计要求。应注意以下几点：

① 在计算元器件工作电流、电压和功率等参数时，应考虑工作条件最不利的情况，并留有适当的余量。

② 对于元器件的极限参数必须留有足够的余量，一般取 1.5～2 倍的额定值。

③ 对于电阻、电容参数的取值，应选取计算值附近的标准值。电阻值一般在 1MΩ 内；非电解电容值一般为 100pF～0.47F，电解电容值一般为 1～2000μF。

④ 在保证电路能达到性能指标要求的前提下，尽量减少元器件的品种、价格及体积等。

（2）元器件选择

电路是由若干元器件构成的，对元器件性能的深入了解和应用，是保证正确设计和达到设计指标的关键之一。有时，一个元器件的应用或一个新元器件的出现，将会使系统变得十分容易实现，所以应尽量地了解元器件。除教材以外，平时要多看参考资料，上网去查一查，到电子市场去逛一逛，以便在自己的头脑中“存储”更多的元器件。需要时，就会熟能生巧，应用自如。

通常，在元器件选择方面，建议在保证电路性能的前提下，尽量选用常见的、通用性好的、价格相对低廉的、手头有的或容易买到的元器件。一切从实际需求出发，将分立元件与集成电路巧妙地结合起来，而且要尽量应用集成电路，以使系统简化，体积小，可靠性提高。在确定电子元器件时，应全面考虑电路处理信号的频率范围、环境温度、空间大小、成本高低等诸多因素。

① 集成电路的选择。一般优先选择集成电路，因为集成电路可以实现很多单元电路甚至整机电路的功能，所以选用集成电路设计单元电路和总体电

路既方便又灵活。它不仅使系统体积缩小，而且性能可靠，便于调试及安装，可大大简化电子电路的设计。随着模拟集成技术的不断完善，适用于各种场合下的集成运算放大器不断涌现，只要外加极少量的元器件，利用运算放大器就可构成性能良好的放大器。同样，目前在进行直流稳压电源设计时，已很少采用分立元件进行设计，取而代之的是性能更稳定、工作更可靠、成本更低廉的集成稳压器。

选择的集成电路不仅要在功能和特性上实现设计方案，而且要满足功耗、电压、速度、价格等多方面的要求。集成电路包括模拟集成电路和数字集成电路。元器件的型号、功能、特性、引脚可查阅有关手册。集成电路的品种很多，选用方法一般是“先粗后细”，即先跟据总体方案考虑应该选用什么功能的集成电路，然后考虑具体性能，最后根据价格等因素选用某种型号的集成电路。

应熟悉集成电路的品种及几种典型产品的型号、性能、价格等，以便在设计时能提出较好的方案，较快地设计出单元电路和总电路。集成电路的常用封装方式有三种：扁平式、直立式和双列直插式。为便于安装、更换、调试和维修，在一般情况下，应尽可能选用双列直插式集成电路。

② 阻容元件的选择。电阻器和电容器是两种最常见的元件，种类很多，性能相差很大，应用场合也不同。因此，对于设计者来说，应熟悉各种电阻器和电容器的主要性能指标和特点，以便根据电路要求对元件做出正确选择。设计时，要根据电路的要求选择性能和参数合适的阻容元件，并要注意功耗、容量、频率和耐压范围是否满足要求，以便正确选择电阻器和电容器。

③ 分立元件的选择。分立元件包括二极管、晶体三极管、场效应管、光电二极管、光电三极管、晶闸管等。要根据其用途分别进行选择。选择的元件种类不同，注意事项也不同。首先要熟悉这些元件的性能，掌握它们的应用范围；再根据电路的功能要求和元件在电路中的工作条件，如通过的最大电流、最大反向工作电压、最高工作频率、最大消耗功率等，确定元器件型号。例如，选择晶体三极管时，首先要注意的是 NPN 型管还是 PNP 型管，是高频管还是低频管，是大功率管还是小功率管，并注意管子的参数 PCM、ICM、U(BR)CEO、ICEO、β、fT 和 fβ 是否满足电路设计指标的要求。

4.3.2 计算机分析与报告

电子系统的方案选择、电路设计及参数计算和元器件选择基本确定后，还要研究方案的选择是否合理、电路设计是否正确、元器件的选择是否经济等问题。传统的设计方法只能通过实验来解决以上问题，这样不仅延长了设计时间，而且需要大量元器件，有时设计不当可能会烧坏元器件，因此设计成本高。而利用电子电路EDA技术，可对设计的电路进行分析、仿真、虚拟实验，不仅提高了设计效率，而且可以通过反复仿真、调试、修改得到一个最佳方案。目前应用比较广泛的电子仿真软件主要有PSpice和功能多、应用方便的Multisim。

1．计算机仿真优化

在这一阶段，先要充分利用EDA软件帮助设计单元电路，优化调整电路结构和元器件数值，以达到指标要求。当各单元电路的理论设计和计算机仿真的结果符合要求后，还要将各单元电路连接起来仿真，看总体指标是否达到要求，各模块之间的配合是否合理正确，信号流向是否顺畅。如果发现有问题，就要回过头来重新审视各部分电路的设计，进一步调整、改进各部分电路的设计和连接关系。这一过程可能要反复多次，直到计算机仿真结果证明电路设计确实正确无误为止。

2．硬件组装、调试与测量

在优化设计和软件仿真完成后，就要进行硬件装配、调试和指标的测量。因为实验的最终目的是要做出能够实现某些功能的电路或设备，仅仅停留在计算机仿真上是不够的，而且计算机仿真与硬件实际还有一定的差距，不能完全等同，模拟电路更是如此。只有在计算机仿真的基础上，通过实际电路的装配、调试、实际元器件的应用，实际电子仪器的测试，才能真正锻炼和培养自身的工程实践能力，提高实验技能。

在课程设计中，硬件电路的组装通常根据实验室的条件和课程要求分为以下两种方式。

（1）在印制电路板上焊接

首先，将仿真调试好的电路借助计算机软件对印制电路板进行辅助设计，Protel软件包是绘制印制电路板的最常用软件。然后，采用送厂家加工或手工制板的方法完成PCB的制作。最后，根据电路图将元器件安装焊接。要求焊接牢靠、无虚焊，而且焊点的大小、形状及表面粗糙度等符合要求。焊接前，必须把焊点和焊件表面处理干净，轻的可用酒精擦洗，重的要用刀刮或砂纸打磨，直到露出光亮金属为止，然后蘸上焊剂，镀上锡，将被焊的金属表面加热到焊锡融化的温度。PCB的设计、制作及元器件的焊接技术可参考其他书籍。

（2）在面包板或试验箱上接插

在进行电子系统设计或课程设计过程中，为了提高元器件的重复利用率，往往会在面包板或试验箱上插接电路。首先，根据电路图的各部分功能确定元器件在面包板或试验箱上的位置，并按信号的流向将元器件顺序连接，以易于调试。插接集成电路时，要先认清方向，不要倒插，所有集成电路的插入方向要保持一致。连接用的导线要求紧贴在面包板或试验箱上，避免接触不良。连线不允许跨接在集成电路上，一般从集成电路周围通过，尽量做到横平竖直，以便于查找和更换元器件。

组装电路时要特别注意，各部分电路之间一定要共地。正确的组装方法和合理的布局，不仅会使电路整齐美观，而且能够提高电路工作的可靠性，便于检查和排除故障。

电路的调试一般采用边安装、边调试的方法。把一个总电路按框图上的功能分成若干单元电路，分别进行安装和调试，在完成各单元电路调试的基础上，逐步扩大安装和调试的范围，最后完成整机调试。此方法既便于调试，又可及时发现和解决问题。

整个调试过程分层次进行，先单元电路，再模块电路，后系统联调。

电路安装完毕，首先进行通电前检查，直观检查电路各部分连线是否正确，检查电源、地线、信号线、元器件引脚之间有无短路，元器件有无接错。检查无误后进行通电检查，接入电路要求的电源电压，观察电路中各部分元器件有无异常现象。如果出现异常现象，应立即关断电源，待排除故障后方可重新通电。在调试单元电路时，应明确本部分的调试要求，按调试要求测试性能指标和观察波形。调试顺序按信号的流向进行，以便把前面调试过的输出信号作为后一级的输入信号，为最后的整机联调创造条件。电路调试包括静态调试和动态调试。通过调试掌握必要的数据、波形、现象，然后对电路进行分析、判断、排除故障，完成调试要求。单元电路调试完成后就为整机调试打下了基础。整机联调时应观察各单元电路连接后各级之间的信号关系，主要观察动态结果，检查电路的性能和参数，分析测量的数据和波形是否符合设计要求，对发现的故障和问题及时采取处理措施。这一阶段，要充分利用电子仪器来观察波形，测量数据，发现问题，解决问题，以实现最终的目标。调试时应注意做好调试记录，准确记录电路各部分的测试数据和波形，以便于分析和运行时参考。

电路调试完毕后，要进行系统指标测试。以系统的设计任务与要求为依据，应用电子仪器进行各项指标测试，观察是否达到要求，详细记录测试条件、测试方法，详细测试数据及波形。

3．文档整理和实验报告撰写

电子系统设计的总结报告是对学生撰写科学论文和科研总结报告的能

力训练。通过撰写报告，可以从理论上进一步阐述实验原理，分析实验的正确性、可信度，总结实验的经验和收获，提供有用的资料。实验报告本身是一项创造性的工作，通过实验报告，可以充分反映一个人的思维是否敏捷，概念是否清楚，理论基础是否扎实，工程实践能力是否强劲，分析问题是否深入，学术作风和工作作风是否严谨。因此撰写报告是锻炼综合能力和素质培养的重要环节，一定要重视并认真做好。通过写报告，不仅可对设计、组装、调试的内容进行全面总结，而且可将实践内容上升到理论高度。

一份完整的实验总结报告应包括以下几点：

（1）设计和实验题目名称。

（2）内容摘要。

（3）设计和实验任务及要求。

（4）总体方案论证，总体框图、分解后的各模块的功能及指标。

（5）单元电路设计、实现原理、参数计算和元器件选择说明。画出完整的电路图，并说明电路的工作原理。

（6）硬件组装调试的内容。包括：

①使用的主要仪器和仪表。

②调试电路的方法和技巧。

③测试的数据和波形，并与计算结果比较分析。

④调试中出现的故障、原因及排除方法。

（7）测试数据、表格、曲线，所用电子仪器的型号，完成的结论性意见。总结设计电路和方案的优缺点，指出课题的核心及实用价值，提出改进意见和展望。

（8）列出系统需要的元器件。

（9）收获、体会。

4.4　Multisim 电路仿真的实例及分析

4.4.1　直流电路的仿真示例

例 4.1　戴维南定理的验证。电路如图 4.23 所示，求 A、B 点间电路的戴维南等效电路，并得出负载电阻获得最大功率的条件。

（1）求开路电压 u_{AB}

在 Multisim 软件中连接电路，如图 4.24 所示，从仪器栏取出万用表，设置到直流电压挡位，连接到 A、B 两点，测量开路电压u_{AB}，测得开路电压$u_{AB}=11.5V$。

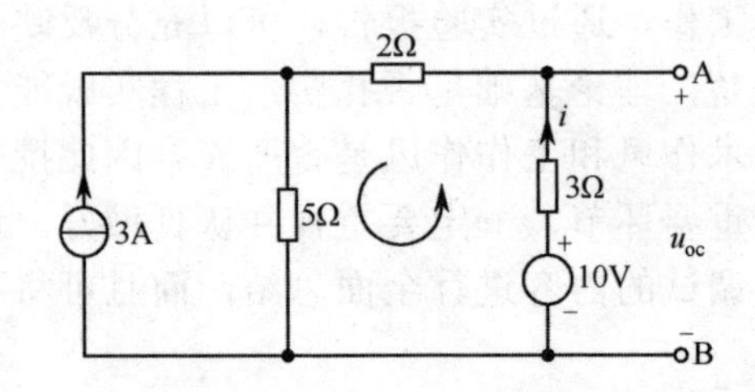

图 4.23　含源二端线性电阻网络

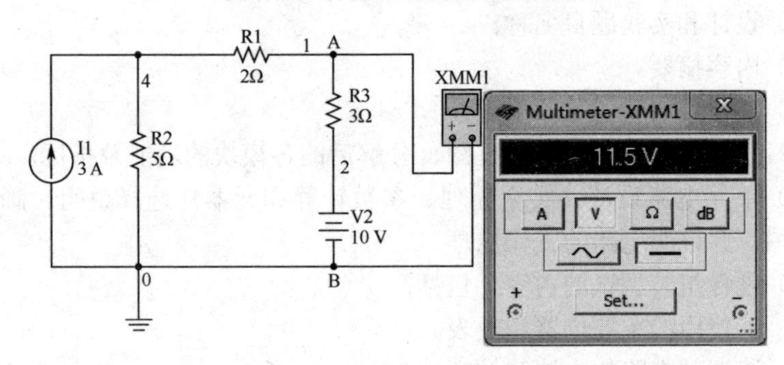

图 4.24　开路电压的测量及结果

（2）求其等效电阻 R_0

将电路中所有独立源均置零，即将电压源用短路线替代，将电流源用开路线替代，得到的电路如图 4.25 所示。将万用表设置到欧姆挡位，测量的等效电阻$R_0=2.1\Omega$。

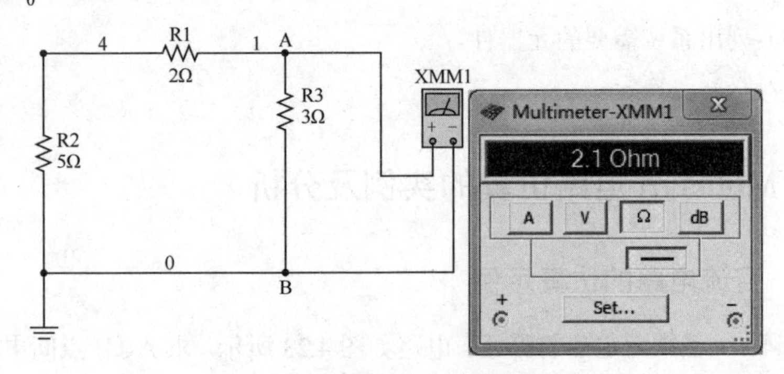

图 4.25　等效电阻的测量及结果

也可以通过测量开路电压与短路电流求等效电阻。将图 4.24 中的万用表调置到电流挡位，测量短路电流的结果如图 4.26 所示。

由开路电压与短路电流，求得等效电阻 $R_0 = \dfrac{u_{AB}}{I_0} = \dfrac{11.5}{5.476} = 2.1\Omega$ 。可得图 4.23 所示电路的戴维南等效电路如图 4.27 所示。

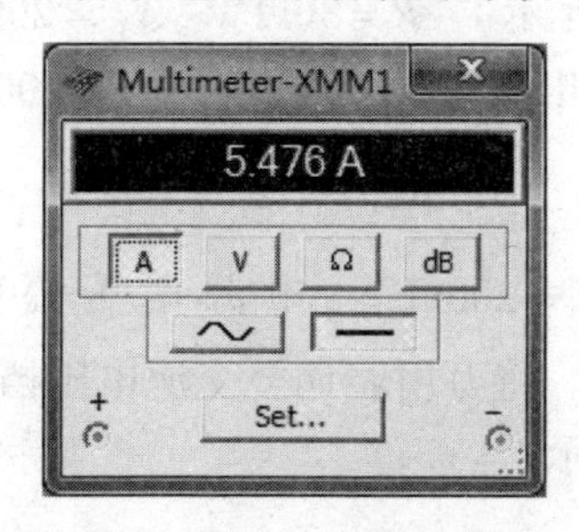

图 4.26　短路电流的测量结果

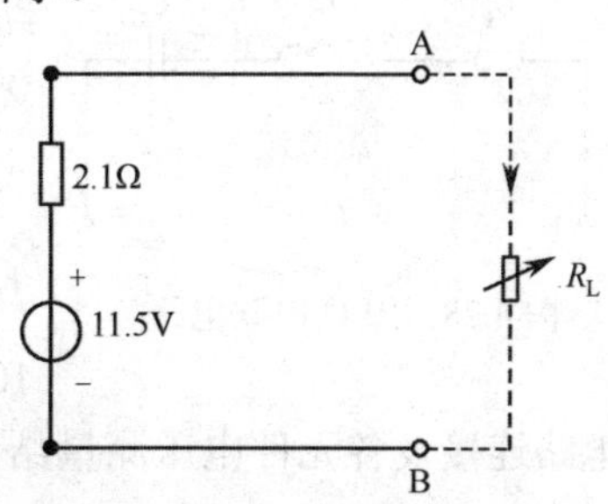

图 4.27　戴维南等效电路

（3）负载获得最大功率的条件

由戴维南等效化简后的电路图 4.27，若 AB 间接入负载 R_L，可求得通过 R_L 的电流及其消耗的功率的表达式分别为

$$i = \frac{u_{oc}}{R_0 + R} \tag{4.1}$$

$$p = Ri^2 = \frac{Ru_{oc}^2}{(R_0 + R)^2} \tag{4.2}$$

把 $R_0 = 2.1\Omega$ ， $u_{AB} = 11.5V$ ， $R_L = 0.5\Omega$、1.4Ω、2.1Ω、4Ω、6.4Ω、8.9Ω分别代入式（4.1）和式（4.2），可得所求的电流和功率，结果列表如下：

R_L/Ω	0.5	1.4	2.1	4	6.4	8.9
i/A	4.4	3.3	2.7	1.9	1.4	1.0
p/W	9.8	15.1	15.7	14.2	11.7	9.7

从例中可以看出，随着电阻值的增加，流经电阻的电流逐渐减小；但电阻消耗的功率却是先增大后又减小，在 $R_L = R_0 = 2.1\Omega$ 时，功率最大。最大值的发生条件可由式（4.2）令 $\dfrac{dp}{dR_L} = 0$ 求出，有

$$R_L = R_0 \tag{4.3}$$

结论：当负载电阻（ R_L ）与给定的含源二端电阻网络的内阻（ R_0 ）相等时，负载可由给定网络（或电源）获取最大功率。这一结论称为最大功率传输定理。在功率匹配的情况下，负载吸收的最大功率为

$$p_{max} = \frac{u_{oc}^2}{4R_0} \tag{4.4}$$

4.4.2 交流电路的仿真分析

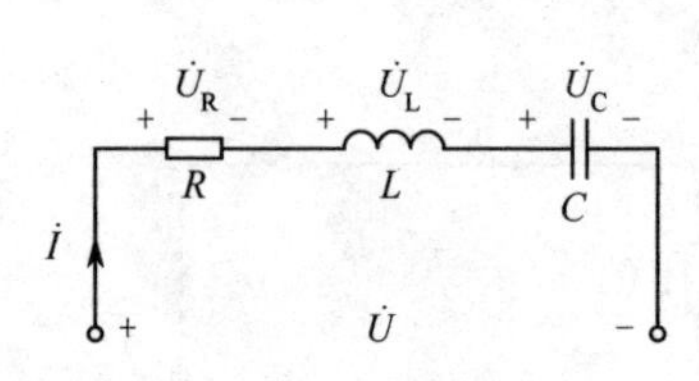

图 4.28 RLC 串联电路

例 4.2 正弦交流电路的仿真。RLC 串联电路如图 4.28 所示，$R = 30\Omega$，$X_L = 20\Omega$，$X_C = 20\Omega$，所加电压 $U = 100V$，频率 $f = 100Hz$。

（1）根据 $X_L = \omega L$，$X_C = \dfrac{1}{\omega C}$，可得 $L = 200mH$，$C = 200\mu F$。电源电压幅值为 $100\sqrt{2} = 141.4V$。将万用表调至交流电压挡位，电路连接及各元件电压测量结果如图 4.29 所示。

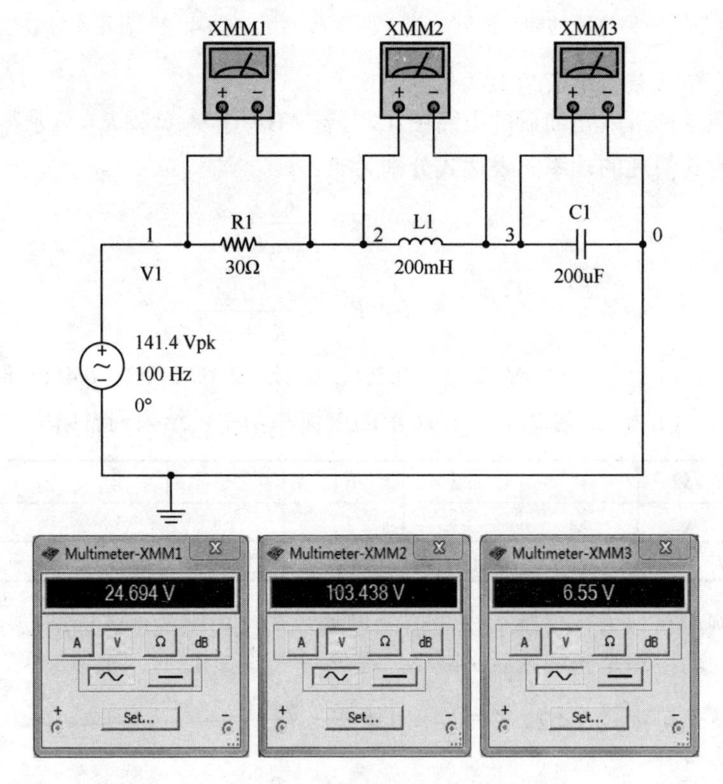

图 4.29 电压测量及结果

由此可得总电压 $U = \sqrt{U_R^2 + (U_L - U_C)^2} = \sqrt{24.694^2 + (103.438 - 6.55)^2} = 100V$。

（2）按照图 4.30(a)连接功率表和万用表，将万用表调至交流电流挡位，测得结果如图 4.30(b)和图 4.30(c)所示。

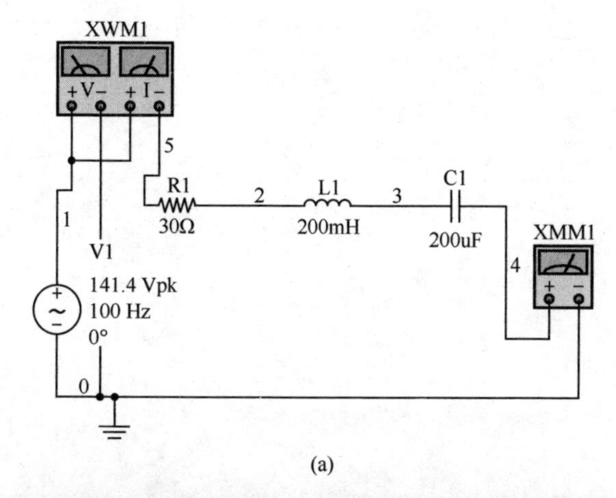

(a)

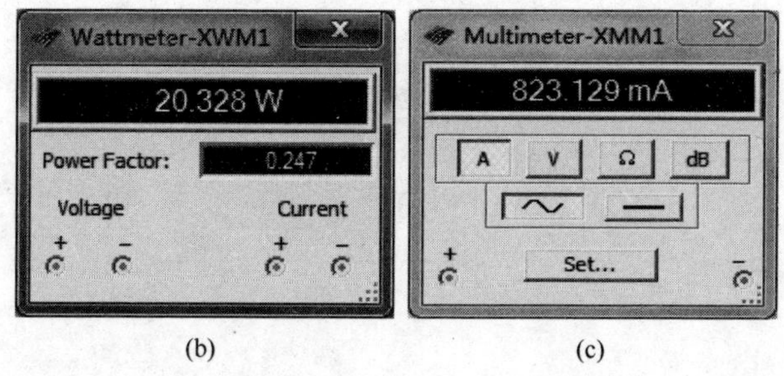

(b)　　　(c)

图 4.30　功率、电流测量及结果

图 4.30(b)显示功率计测量出的平均功率为 20.328W，通过计算得出电路的功率因数 $\cos\phi = \dfrac{P}{UI} = \dfrac{20.328}{100 \times 0.823} = 0.247$

无功功率 $Q = UI\sin\phi = 100 \times 0.823 \times 0.969 = 79.75\text{Var}$

视在功率 $S = UI = \sqrt{P^2 + Q^2} = \sqrt{20.33^2 + 79.75^2} = 82.3\text{VA}$

练习与思考

1. 在 Multisim 10 仿真平台上，用示波器观察信号发生器产生的各种波形。改变信号参数，记录示波器的显示状态。
2. 用 Multisim 10 软件仿真二阶电路的过渡过程，用示波器观察二阶响应的波形。

练习与思考

第二部分

电路基础实验项目

我们在享受着他人的发明给我们带来的巨大益处，

我们也必须乐于用自己的发明去为他人服务。

——富兰克林

本杰明·富兰克林（Benjamin Franklin，1706—1790），出生于美国马萨诸塞州波士顿，美国著名政治家、科学家，杰出的外交家和发明家。他对物理学的贡献主要在电学方面，是探索电学的先驱者之一。富兰克林第一个科学地用正电、负电概念表示了电荷的性质；曾进行多项关于电的实验，并发明了避雷针。他创造的许多专用名词如正电、负电、导电体、电池、充电、放电等成为世界通用词汇，并沿用至今。

第5章　直流电路的测量与研究

本章介绍线性电路基本网络定理及其相关参数的实验测量方法。通过对直流电路的测量来验证定理的内容，加深对网络定理的理解。同时认识并掌握直流电路设备和仪表的使用方法，结合实验过程对故障现象及测试数据进行分析和研究。

5.1　基本网络定理和相关测量方法

5.1.1　基本网络定理

1．戴维南定理：一个含有独立源的线性二端电阻网络（简称线性有源二端网络）对外可以等效为一个电压源和一个电阻相串联的电路。此电压源的电压 U_{oc} 等于该二端网络的开路电压；电阻 R_0 等于该二端网络中所有独立源均置零时的等效电阻。

2．叠加定理：在线性电路中，电路某处的电流或电压等于各独立源分别单独作用时在该处产生的电流或电压的代数和。数学表达式为

$$x=\sum_{j=1}^{n}k_j e_j$$

式中，x 为电路的响应，可以是电路中任何一处的电流或电压；e 为电路的激励，既可以是独立电压源的电压，也可以是独立电流源的电流；k 为常数，由网络结构和元件参数决定。

3．齐性定理：在线性电路中，当所有激励都同时增大或缩小若干倍时，响应也将增大或缩小同样的倍数。

5.1.2　等效电阻的相关测量方法

测量线性有源网络等效电阻的方法较多。根据待测网络的不同特点，可选用不同的测量方法。

1. 开短路法

测量电路如图 5.1 所示。分别用电压表和电流表测量 ab 端子间的开路电压 U_{oc} 和短路电流 I_{sc}，则线性有源二端网络等效电阻 R_0 为

$$R_0 = \frac{U_{oc}}{I_{sc}}$$

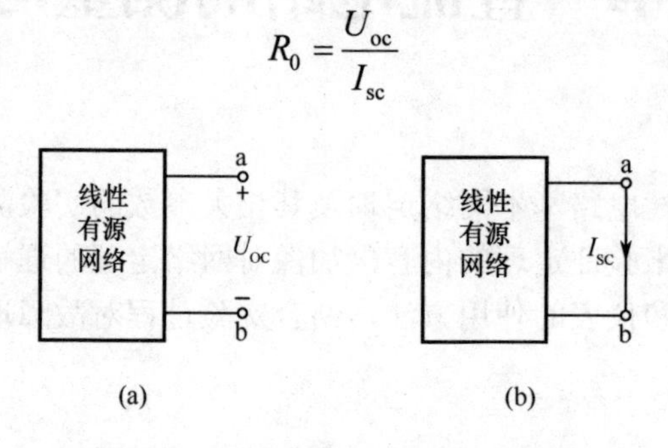

图 5.1　开短路法测量等效电阻 R_0

2. 伏安法

如待测网络等效电阻较小，不宜直接测量其短路电流，可采用伏安法。测量电路如图 5.2 所示。先用电压表测量 ab 端的开路电压 U_{oc}，之后接入负载电阻 R_L，分别测量负载端电压 U 和电流 I，则线性有源二端网络等效电阻 R_0 为

$$R_0 = \frac{U_{oc} - U}{I}$$

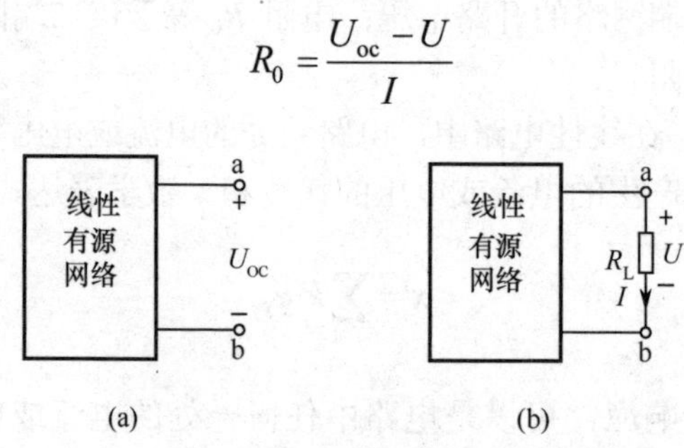

图 5.2　伏安法测量等效电阻 R_0

3. 零示法

如待测网络是高内阻的，直接用电压表测量其开路电压会造成较大误差，为消除电压表内阻对测量的影响，可采用零示法。测量电路如图 5.3 所示。图中稳压电源相当于一个低内阻的线性有源二端网络，调节稳压电源输出，当图中的电压表示数为零时，稳压电源的输出电压即为待测有源网络的开路电压。稍后可通过测量网络的短路电流或用伏安法测量网络的等效电阻。

4．半电压法

测量电路如图 5.4 所示。在测量完有源网络的开路电压 U_{oc} 后，调整负载电阻 R_L 的阻值，同时用电压表监测电阻两端的电压 U，当 U 为 U_{oc} 的一半时，负载电阻的阻值即为网络的等效电阻 R_0 值。考虑电压表内阻的影响，该方法适合于等效电阻较小的有源网络。

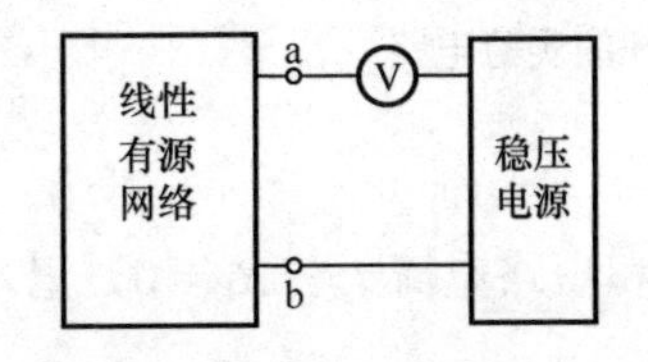

图 5.3　零示法测量线性有源二端网络的开路电压 U_{oc}

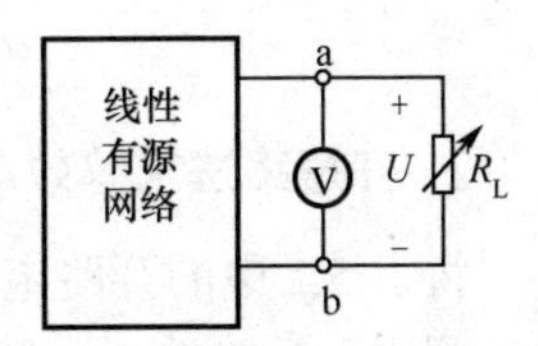

图 5.4　半电压法测量等效电阻 R_0

5.2　实验目的、内容及要求

5.2.1　实验目的与所需设备

1. 实验目的

（1）验证戴维南定理的结论，加深对定理内容的理解。

（2）学习线性有源二端网络等效电路参数的测量方法。

（3）掌握直流稳压电源的使用和注意事项。

（4）掌握万用表测量直流电压、电流和电阻的方法。

2. 所需设备和器件

（1）双路直流稳压电源　　1 台

（2）万用表　　1 块

（3）九孔板　　1 块

（4）电阻元件　　3 个

（5）电阻箱　　2 个

（6）导线　　若干

5.2.2　实验内容

1．测量有源二端网络的外特性曲线

实验电路如图 5.5(a)所示，其中 $U_S = 12V$，$R_1 = 150\Omega$，$R_2 = 200\Omega$，$R_3 = 220\Omega$。改变负载电阻 R_L 的阻值，测量对应不同 R_L 值时的电压 U 和电流 I，将测试数据记入表 5.1 的前两行中。

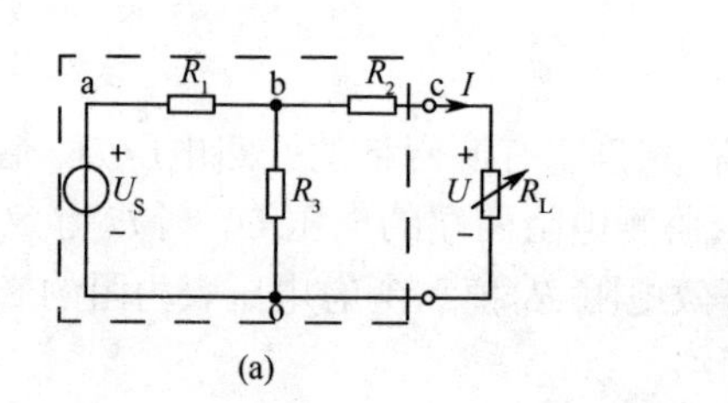

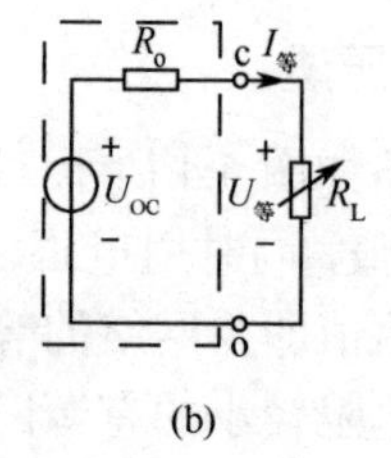

图 5.5　验证戴维南定理的实验电路

2. 开短路法求等效电阻

将表 5.1 中的开路电压 U_{oc}（$R_L \to \infty$）和短路电流 I_{sc}（$R_L = 0$）记入表 5.2 中。利用开短路法求出等效电阻 R_0。

表 5.1　验证戴维南定理的实验数据

R_L/Ω	0	50	100	150	200	300	400	600	1000	∞
U/V										
I/mA										
$U_等$/V										
$I_等$/mA										

表 5.2　戴维南等效电路参数

U_{oc}/V	I_{sc}/mA	$R_0=U_{oc}/I_{sc}/\Omega$

3. 测量有源二端网络等效电路的外特性曲线

实验电路如图 5.5(b)所示，其中 U_{oc}、R_0 来自表 5.2 中的数据。改变负载电阻 R_L 的阻值，测量对应不同 R_L 值时的电压 $U_等$和电流 $I_等$，将测试数据记入表 5.1 的后两行中。

5.2.3　注意事项及报告要求

1. 注意事项

（1）预习实验中涉及的仪器设备的相关功能和使用方法。

（2）预习过程中应对关键理论值进行计算，或对数据变化趋势做理论上的估计，以便在实验过程中及时发现异常现象。

（3）不要把直流电压源直接接入待测电路，要先调整好所需电压值，关闭电源再接入待测电路。

（4）直流电压源的输出端不允许短路，改接线路的过程要关掉直流电压源。

（5）测试过程要注意直流电源的输出是否有波动，如果输出有变化，应及时调整至实验要求的数值。

（6）万用表要根据待测电量的种类和大小先选择正确功能挡位和量程，再接入电路测量。注意不能在带电的电路中切换万用表挡位或测量电路电阻值。

2. 实验报告要求

（1）计算 U_{oc}、I_{sc}、R_0 的理论值，与各自的实测值做比较，计算误差大小并分析误差形成原因。

（2）在同一坐标系中绘制有源二端网络等效前后的外特性曲线，分析戴维南定理是否得到验证。

（3）根据实验数据，利用伏安法计算等效电阻，与理论值相比较，分析误差原因。

5.3　研究型进阶实验

5.3.1　验证叠加定理

1. 实验内容

实验电路如图 5.6 所示，其中 $U_{S1}=12V$，$U_{S2}=5V$，$R_1=150\Omega$，$R_2=200\Omega$，$R_3=220\Omega$。分别测量 U_{S1} 和 U_{S2} 共同作用、U_{S1} 单独作用、U_{S2} 单独作用三种状态下各元件的电压，将测试数据记入表 5.3 中。

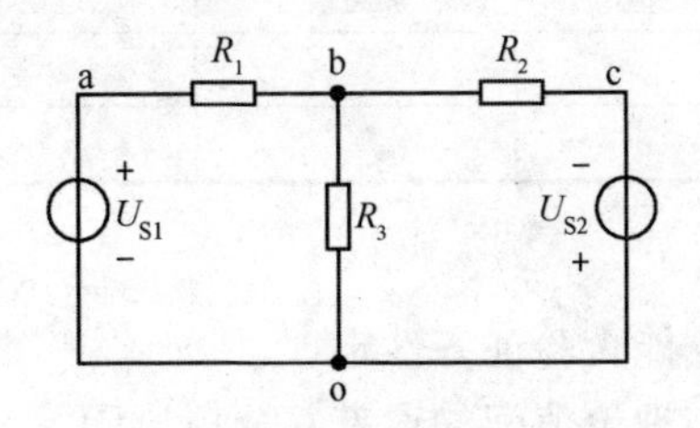

图 5.6　验证叠加定理的实验电路

表 5.3　验证叠加定理的实验数据

直流稳压电源	U_{ab}/V		U_{bo}/V		U_{bc}/V	
	理论值	测量值	理论值	测量值	理论值	测量值
U_{S1}、U_{S2} 共同作用						
U_{S1} 单独作用						
U_{S2} 单独作用						

2. 实验报告要求

（1）分析实验数据是否可以验证叠加定理。

（2）计算测量值与理论值间的误差并分析原因。

（3）在选定的参考方向下，如何确定数据的正负？

（4）叠加定理在处理电源单独作用时，不作用的电源应如何处理？

5.3.2 验证齐性定理

1. 实验内容

实验电路如图 5.7 所示，其中 $R_1 = 150\Omega$，$R_2 = 200\Omega$，$R_3 = 220\Omega$。分别测量激励 U_S 取不同值时，电路相应位置的电压响应，测试数据记入表 5.4 中。

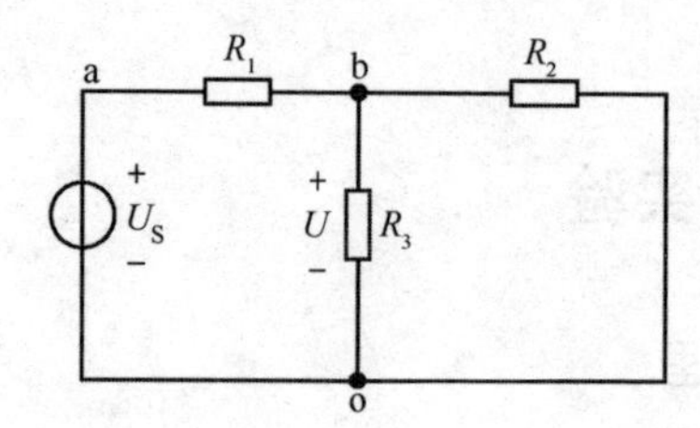

图 5.7 验证齐性定理的实验电路

表 5.4 验证齐性定理的实验数据

U_S/V	U_{ab}/V		U_{bo}/V	
	理论值	测量值	理论值	测量值
12				
6				

2. 实验报告要求

（1）分析实验数据能否验证齐性定理。

（2）计算测量值与理论值间的误差并分析原因。

实验延展与讨论

1. 本次实验数据全部来自万用表的测量，请说明万用表测量电压、电流时对测试数据有何影响。

2. 测量有源网络的外特性时，要求测量负载电阻值为 0 和∞时端子间的电压和电流。实际操作应如何调整电阻箱？

3．根据实际测量的数据分析是否可以用半压法测量图 5.5 所示实验电路的等效电阻。试对半压法的误差来源进行分析。

4．图 5.5 所示实验电路的开路电压可以用零示法测量吗？与用万用表直接测量开路电压比，零示法有什么优缺点？

5．线性有源二端网络的外特性是否与负载有关？

6．线性有源二端网络如图 5.8 所示，已知 $R = 1\text{k}\Omega$ 时，$U_1 = U_2$，$I_1 = I_2$，能否断定图 5.8(a)和图 5.8(b)中的有源网络等效？

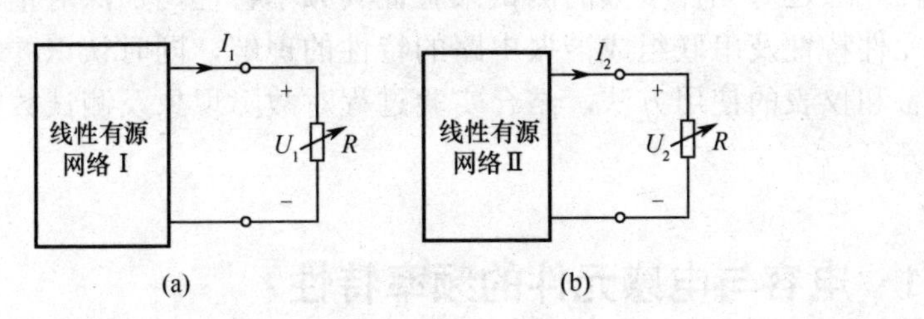

图 5.8　线性有源二端网络

第 6 章　元件阻抗特性的测量与研究

本章介绍电路基本元件 R、L、C 的相关参数的实验测试方法及其频率特性。通过对元件参数的测试来验证其频率特性，加深对正弦交流电路中的元件特性及串联组成谐振电路的特性的理解，同时认识并掌握交流电路设备和仪表的使用方法，结合实验过程对故障现象及测试数据进行分析和研究。

6.1　电容与电感元件的频率特性

6.1.1　电路元件在正弦交流电路中的阻抗特性

在正弦交流电路中，R、L、C 各元件的阻抗与信号的频率有关，其有效值和相位关系分别如下。

在电阻 R 上：$U = RI$，其电压和电流是同频率的正弦量，且两者相位相同。

在电感 L 上：$\begin{cases} U_{\mathrm{L}} = \omega LI = X_{\mathrm{L}}I \\ \phi_u = \phi_i + \pi/2 \end{cases}$，$X_{\mathrm{L}} = \omega L = 2\pi fL$，其电压和电流是同频率的正弦量，且电压比电流在相位上超前 90°。

在电容 C 上：$\begin{cases} U_{\mathrm{C}} = \dfrac{1}{\omega C}I = X_{\mathrm{C}}I \\ \phi_u = \phi_i - \pi/2 \end{cases}$，$X_{\mathrm{C}} = \dfrac{1}{\omega C} = \dfrac{1}{2\pi fC}$，其电压和电流是同频率的正弦量，且电压比电流在相位上滞后 90°。

阻抗模随频率的变化曲线如图 6.1 所示。

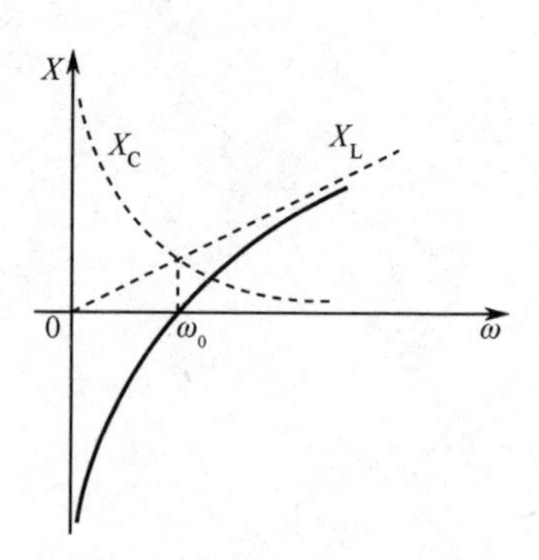

图 6.1　阻抗的频率特性曲线

6.1.2　RLC 串联谐振电路特性

图 6.2 中所示 RLC 串联电路，在正弦电压源 $\dot{U}_{\mathrm{S}}$ 作用下，可得到以下特性。

1．串联谐振发生的条件

$$f_0=\frac{1}{2\pi\sqrt{LC}}\qquad \omega_0=\frac{1}{\sqrt{LC}}$$

图 6.2　串联谐振电路理论图

2．串联谐振的结论

$$Q=\frac{\rho}{R}=\frac{\omega_0 L}{R}=\frac{1}{\omega_0 RC}=\frac{1}{R}\sqrt{\frac{L}{C}}$$

$$\dot{U}_{R0}=\dot{I}_0 R=\dot{U}_S$$

$$\dot{U}_{L0}=j\omega_0 L\dot{I}_0=j\omega_0 L\frac{\dot{U}_S}{R}=jQ\dot{U}_S$$

$$\dot{U}_{C0}=-j\frac{1}{\omega_0 C}\dot{I}_0=-j\frac{1}{\omega_0 C}\cdot\frac{\dot{U}_S}{R}=-jQ\dot{U}_S$$

3．频率特性及曲线

电路中电流的幅频特性和相频特性分别如下：

$$I=\frac{U_S}{\sqrt{R^2+\left(\omega L-\frac{1}{\omega C}\right)^2}},\qquad \phi=\arctan\frac{\omega L-\frac{1}{\omega C}}{R}$$

由此得电流的幅频特性曲线及相频特性曲线如图 6.3 所示。

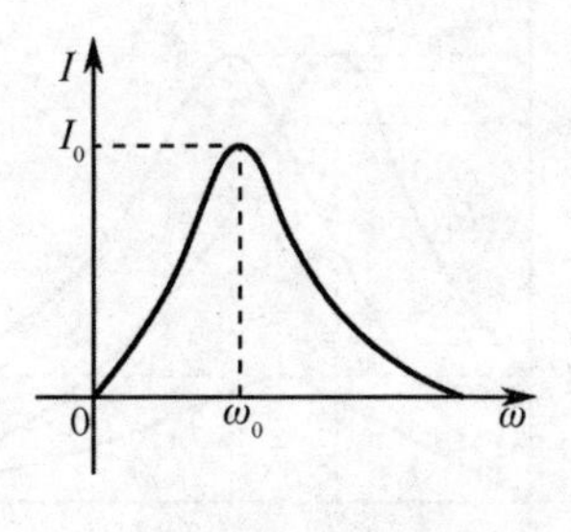

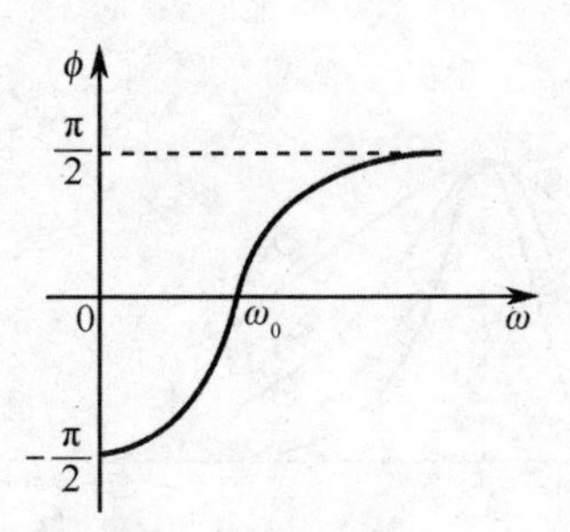

图 6.3　串联谐振电路中电流的幅频特性和相频特性曲线

电路的绝对通频带：$B_\omega=\frac{\omega_0}{Q}$ 或 $B_f=\frac{f_0}{Q}$

电路的相对通频带：$\frac{B_\omega}{\omega_0}=\frac{B_f}{f_0}=\frac{1}{Q}$

由图 6.4 所示曲线可知，显然电路的通频带与其 Q 值成反比。

RLC 串联电路中各元件电压的幅频特性如下：

$$U_{\mathrm{R}} = IR = \frac{U_{\mathrm{S}}}{\sqrt{1+Q^2\left(\frac{\omega}{\omega_0}-\frac{\omega_0}{\omega}\right)^2}}$$

$$U_{\mathrm{L}} = X_{\mathrm{L}}I = \frac{\omega L U_{\mathrm{S}}}{R\sqrt{1+Q^2\left(\frac{\omega}{\omega_0}-\frac{\omega_0}{\omega}\right)^2}}$$

$$U_{\mathrm{C}} = X_{\mathrm{C}}I = \frac{U_{\mathrm{S}}}{\omega CR\sqrt{1+Q^2\left(\frac{\omega}{\omega_0}-\frac{\omega_0}{\omega}\right)^2}}$$

各电压的谐振曲线分别画于图 6.5 中，其中 U_{R} 的峰值电压为 U_{S}，出现在 ω_0 处。而 U_{L} 和 U_{C} 峰值出现的角频率点由数学推导可知：

$$\omega_{\mathrm{L0}} = \frac{\omega_0}{\sqrt{1-\frac{1}{2Q^2}}} \quad (>\omega_0)$$

$$\omega_{\mathrm{C0}} = \omega_0\sqrt{1-\frac{1}{2Q^2}} \quad (<\omega_0)$$

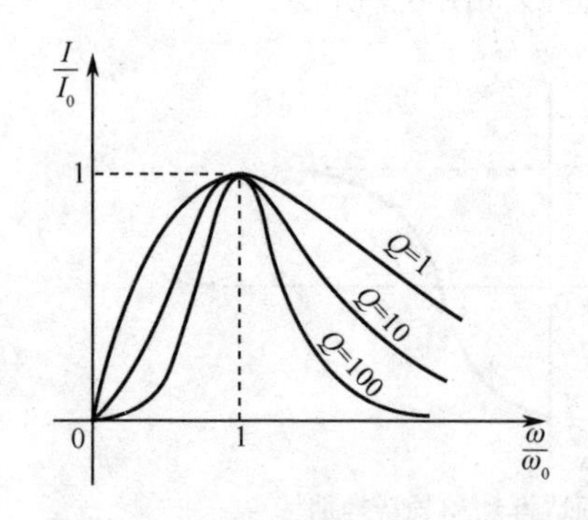

图 6.4 串联谐振电路电流的谐振特性曲线

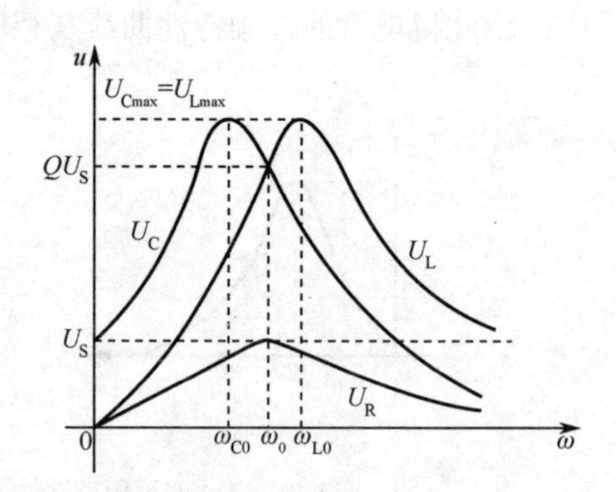

图 6.5 串联谐振电路各电压的谐振曲线

峰值电压为

$$U_{\mathrm{Lmax}} = U_{\mathrm{Cmax}} = \frac{QU_{\mathrm{S}}}{\sqrt{1-\frac{1}{4Q^2}}} \quad (>QU_{\mathrm{S}})$$

在 $\omega=\omega_0$ 处，$U_{L0}=U_{C0}=QU_S$。Q 值越大，ω_{L0}和ω_{C0} 越接近 ω_0，峰值电压越接近 QU_S。

6.2　实验目的、内容及要求

6.2.1　实验目的与所需设备

1．实验目的

（1）研究线性电阻、电感、电容在不同频率的正弦电流电路中的电阻及电抗值。

（2）理解正弦电流电路中电阻、电感、电容元件的端电压与电流之间的相位关系。

（3）掌握信号发生器、示波器等电子仪器设备的使用方法。

（4）研究在 RL 和 RC 串联电路中，当电源频率变化时，电路端口电压及电流之间相位的变化。

2．所需设备和器件

（1）函数信号发生器	1 台
（2）双踪示波器	1 台
（3）交流电压表（毫伏表）	1 台
（4）十进制电阻箱	1 只
（5）十进制电容箱	1 只
（6）十进制电感箱	1 只

6.2.2　实验内容

1．检查函数信号发生器和示波器工作是否正常

用数字万用表或示波器检查测试线及连接导线的通断；用数字万用表分别测量电阻、电感、电容元件，并确定实际电阻值、电容值与元件上的标称值是否吻合，确定电感的电阻。

按照表 6.1 的要求设置函数信号发生器的输出波形及参数。然后用示波器观察函数信号发生器的输出波形并测量所需电参数。用毫伏表测量输出信号的有效值。将测量的数据记入表 6.1。

在测量过程中，毫伏表或示波器一定要和函数信号发生器“共地”，即测

量设备的黑色鳄鱼夹要和函数信号发生器的黑色鳄鱼夹相连。

表 6.1　周期信号电参数数据表

函数信号发生器设置参数					示波器测量值				毫伏表测量值
波形	频　率	周期	峰峰值	有效值	频率	周期	峰峰值	有效值	有效值
正弦波	100kHz		3V						
正弦波		5ms		2.4V					
方　波	50kHz		4V						×

2. 测定元器件阻抗的频率特性曲线

实验电路参考图如图 6.6 所示，其中信号发生器输出选择电压输出端，调整电压幅度，产生有效值为 2V 正弦波，合理设置信号源频率从 5kHz 到 100kHz 之间变化，$R = 300\Omega$，$L = 10\text{mH}$。将测量结果填入表 6.2 中，研究感抗的频率特性。

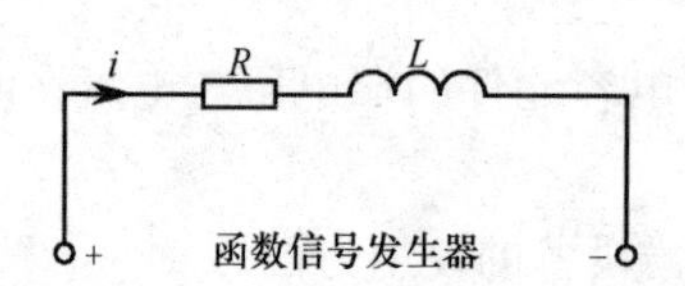

图 6.6　感抗的频率特性的实验电路图

表 6.2　感抗的频率特性数据表

正弦波频率/kHz	电阻电压/V	电感电压/V	电阻电流/A	感抗计算值/Ω	感抗理论值/Ω（预习）	相对误差
5						
10						
20						
40						
60						
80						
100						

3. 研究容抗的频率特性

按照图 6.7 连接电路，其中函数信号源发生器输出为正弦波，有效值为 2V，电阻 $R = 300\Omega$，电容 $C = 0.1\mu\text{F}$。合理设置信号源频率的值，将测量结果填入表 6.3 中，研究容抗的频率特性。

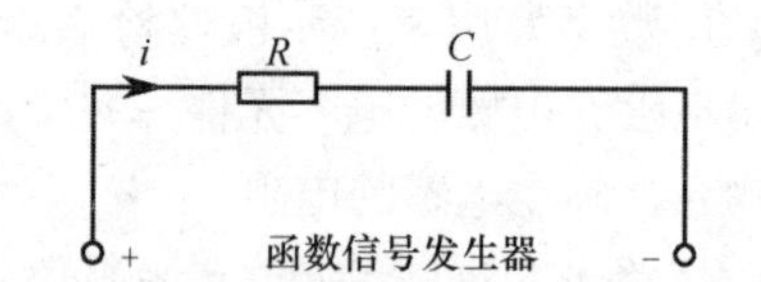

图 6.7　容抗的频率特性的实验电路图

用毫伏表测量电压时，一定要保证毫伏表和函数信号发生器“共地”。

表 6.3　容抗的频率特性数据表

正弦波频率/kHz	电阻电压/V	电容电压/V	电阻电流/A	容抗计算值/Ω	容抗理论值/Ω（预习）	相对误差
0.1						
0.5						
0.8						
1						
2						
4						
10						

6.2.3　注意事项及报告要求

1. 注意事项

（1）请预习实验中涉及的仪器设备的相关功能和使用方法。

（2）预习过程中应对关键理论值进行计算，或对数据变化趋势做理论上的估计，以便在实验过程中及时发现异常现象。

（3）所有需要测量的数据均以仪表实测读数为准。

（4）函数信号发生器作为信号输出设备，其输出信号的两个鳄鱼夹禁止接到一起，以免电源短路。

（5）用示波器观测电压波形时要和函数信号发生器“共地”。

（6）毫伏表在测量电压时要和函数信号发生器“共地”。

2. 实验报告要求

（1）按照实验内容的要求，对测量结果进行整理、分析，与实测值做误差比较，分析误差形成的原因。

（2）整理实验数据，并根据测量数据用坐标纸绘制 R、L、C 三个元件的幅频特性和相频特性曲线，得出结论。

（3）说明实验过程中的故障现象及排除方法，总结本次实验的收获和体会。

6.3　研究型进阶实验

6.3.1　RLC 串联谐振电路的测量与研究

1. 观测 RLC 串联电路的谐振现象并确定电路的谐振点

电路如图 6.8 所示，函数信号发生器输出正弦波信号，其电压有效值为

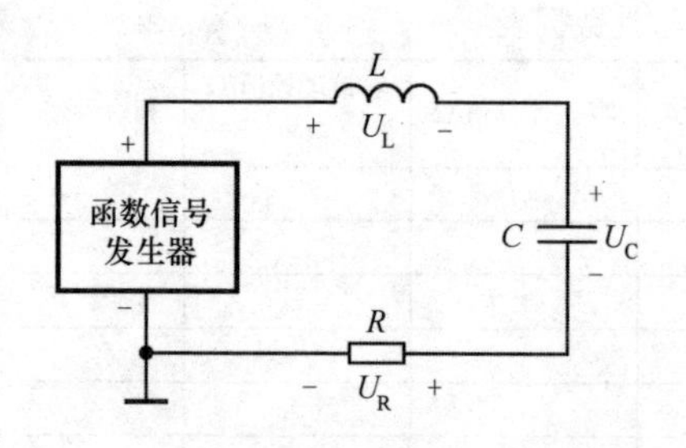

图 6.8　串联谐振频率特性的实验电路图

$U_S=0.5V$；电感 $L=10mH$，电阻 $R=300\Omega$；电容 $C=0.1\mu F$。完成以下实验任务，测量结果记入表 6.4。

（1）调节函数信号发生器的频率，通过毫伏表的示数和示波器的屏幕观测电路的谐振现象，寻找谐振点并确定电路的谐振频率 f_0 及截止频率 f_1、f_2。

（2）测量电感电压 U_L、电容电压 U_C。

（3）测量端口电流波形。

表 6.4　RLC 串联谐振的实验数据

测试项/频率	截止频率 f_1	谐振频率 f_0	截止频率 f_2
f/kHz			
U_L/V			
U_C/V			
I/mA			
端口电压与电流波形曲线			

注意：测量时，每改变一次信号频率，都要观测信号发生器的输出电压，使其幅值保持不变。

3. 测量 RLC 串联电路的通用谐振曲线

按图 6.8 所示连接电路，函数信号发生器输出正弦波信号，其电压有效值为 5V；调整电感箱使得 $L=10mH$，电阻 $R=100\Omega$，电容 $C=0.05\mu F$。完成如下实验任务，测量结果记入表 6.5。

表 6.5　通用谐振曲线测量数据

频率 f/kHz						f_0					
电流 I/mA											

调节函数信号发生器的频率，测量 RLC 串联电路的电流，以谐振频率为中心，左右各扩展 5 个测量点。

画出 RLC 串联电路的通用谐振曲线。

3．报告要求

（1）按照实验内容的要求，对测量结果进行整理、分析，计算 Q 值，通过实验测定串联谐振频率 f_0，分别与理论值比较，分析误差形成原因。

（2）整理实验数据，根据测量数据用坐标纸绘制串联谐振的特性曲线，得出结论。

（3）说明实验过程中的故障现象及排除方法，总结本次实验的收获和体会。

6.3.2　电容串并联等效公式的验证

1．实验内容

利用函数信号源发生器和实验室现有的元器件及参数，电阻 $R = 220\Omega$、电容 $C_1 = 1\mu F$ 和电容箱 $C_2 = 1\mu F$ 来设计实验电路，通过实验数据验证电容串、并联的等效公式，数据记录表格自拟。本实验为设计型实验。

2．报告要求

（1）按照实验内容的要求，画出数据表格，对测量结果进行整理、分析，将实验测定数据与理论值比较，分析误差形成原因。

（2）整理实验数据，并根据测量数据得出结论。

（3）说明实验过程中的故障现象及排除方法，总结本次实验的收获和体会。

实验延展与讨论

1．在实验过程中，结合理论知识及电路原理，试讨论以下问题：

（1）测量幅频特性时，为什么每改变一次信号频率，都要观测信号发生器的输出电压，使其幅度保持不变？

（2）RC 串联电路中，什么故障可以导致电容器端的电压为 0V？

（3）当作用在 RC 串联电路中的正弦电压的频率改变时，阻抗是增加、减小、维持不变还是不确定？对相位差有何影响？

（4）当作用在 RL 串联电路中的正弦电压的频率改变时，阻抗如何变化？相位差如何变化？

（5）用哪些方法来判别电路处于谐振状态？

2．实验数据全部来自仪器的测量。关于仪器，试讨论以下问题：

（1）被测正弦信号的频率为100kHz，现有电工仪表的交流电压表、数字万用表和交流毫伏表，应选用哪种仪器进行测量？

（2）如何测量带有直流成分的交流电压信号？

（3）用示波器的CH1观察信号，将Source选择为CH2，观察波形是否稳定。用示波器双路测量时，Source应选择哪种方式？

（4）为什么信号发生器的输出电压幅度在接入被测电路后可能会发生变化，其变化程度与什么因素有关？

（5）分析示波器和信号源共地与不共地，对测量结果有什么影响。

（6）若用示波器同时观测输入端口电压、端口电流的波形，实验电路应如何连接或改动？示波器测试线应怎样连接？试绘制实验电路图，并说明理由。

第 7 章　三相交流电路的测量与研究

本章研究三相交流电路在三相四线制和三相三线制供电的情况下，三相负载的连接方式及参数发生变化时电路的状态和相/线电压、相/线电流的变化关系。通过实验数据的统计和分析，验证三相交流电路的相关结论。在掌握实践操作的同时，加深对理论知识的理解。进阶实验部分将研究正弦交流电路功率的测量、三相电路相序的测量。

7.1　三相电路基本理论知识

7.1.1　三相四线制电路

三相四线制供电能够提供 380V 和 220V 的电源，广泛应用在既有三相负载又有单相负载的低压配电系统中。由于存在中线，很好地解决了负载种类的多样性和负载不对称引起的中性点偏移问题。

三相四线制电路如图 7.1 所示。负载采用 Y 接形式，负载相电流等于线电流，且线电压与相电压间满足关系 $U_{线}=\sqrt{3}U_{相}$。

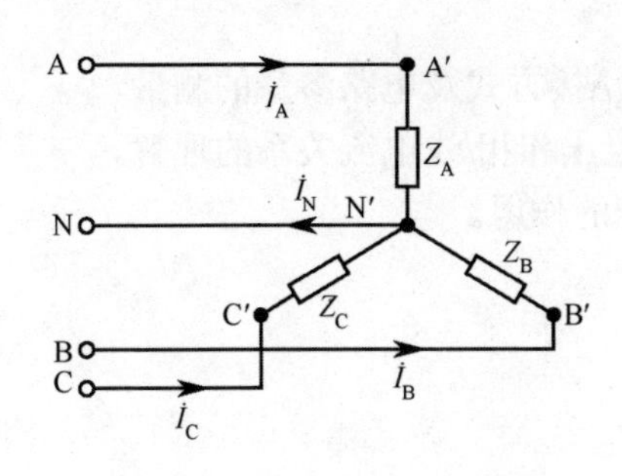

图 7.1　三相四线制 Y 接负载

（1）负载对称时，负载的各相/线电压、各相/线电流均对称。此时，中性点 N′N 电位相等 $\dot{U}_{N'N}=0$，中线电流 $\dot{I}_N=0$，系统有无中线均可。

（2）负载不对称时，由于中线的存在使得中性点 N′N 电压 $\dot{U}_{N'N}=0$，所以负载的各相/线电压仍对称，各相负载工作状态互不影响。但相（线）电流不再对称，即

$$\dot{I}_N=\dot{I}_A+\dot{I}_B+\dot{I}_C\neq 0$$

7.1.2　三相三线制电路

三相三线制供电只能提供一种线电压，主要用于高压输电线路或单纯的

三相负载的供电，如三相变压器、三相交流电机等。

三相三线制电路如图 7.2 所示。负载可以采用 Y 接或Δ接形式。Y 接时负载相电流等于线电流；Δ接时负载相电压等于线电压。

（1）负载对称时，负载的各相/线电压、各相/线电流均对称。

Y 接负载线电压与相电压间满足关系 $U_{线}=\sqrt{3}U_{相}$。

Δ接负载线电流与相电流间满足关系 $I_{线}=\sqrt{3}I_{相}$。

（2）负载不对称时，Y 接负载各线电压仍对称，但因无中线调整中性点偏移，各相电压和相/线电流不对称，且各相负载工作状态互相影响；Δ接负载各相/线电压仍对称，但各相/线电流均不再对称。

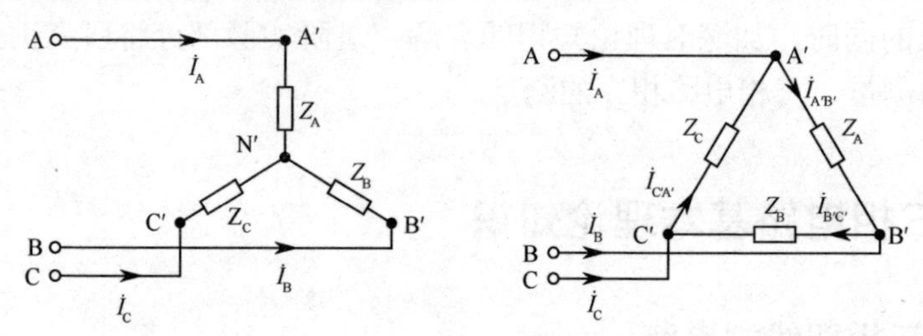

图 7.2　三相三线制 Y 接和Δ接负载

7.2　实验目的、内容及要求

7.2.1　实验目的与所需设备

1. 实验目的

（1）掌握三相正弦交流电路负载的 Y、Δ接方式及电路参量的测量。

（2）加深对三相正弦交流电路中相/线电压和相/线电流关系的理解。

（3）了解供电系统中中性点位移及中线的作用。

2. 所需设备和器件

（1）三相负载实验板	1 块
（2）电流测量插头	1 个
（3）电流测量插孔盒	6 个
（4）万用表	1 块
（5）功率计	1 块
（6）电容箱	1 个
（7）导线	若干

7.2.2 实验内容

本实验三相电源线电压为220V，负载由6个白炽灯泡（220V，15W）组成，每两个灯泡并联作为一相负载。

1. Y接负载电压、电流关系测量

实验电路如图7.3所示。分别研究在三相三线制、三相四线制供电时，负载对称和不对称情况下，负载的电压、电流关系。将测量数据记入表7.1。

负载不对称情况分为两种：一种是A相负载只有1个灯泡；另一种是A相负载开路。实验中注意观察不对称时中线的有无对灯泡亮度是否有影响。

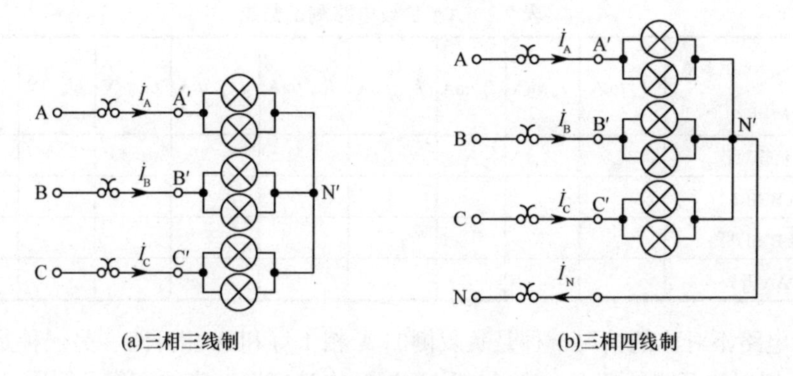

图7.3 Y接负载测试电路

表7.1 Y接负载电路测试数据

负载结构 \ 测量参数		$U_{A'B'}$/V	$U_{B'C'}$/V	$U_{C'A'}$/V	$U_{A'N'}$/V	$U_{B'N'}$/V	$U_{C'N'}$/V	I_A/mA	I_B/mA	I_C/mA	I_N/mA
三相三线制	负载对称										
	A相1灯										
	A相开路										
三相四线制	负载对称										
	A相1灯										
	A相开路										

2. Δ接负载电压、电流关系测量

实验电路如图7.4所示。分别研究三相三线制电路对称和不对称情况下，负载的电压、电流关系。将测量数据记入表7.2。

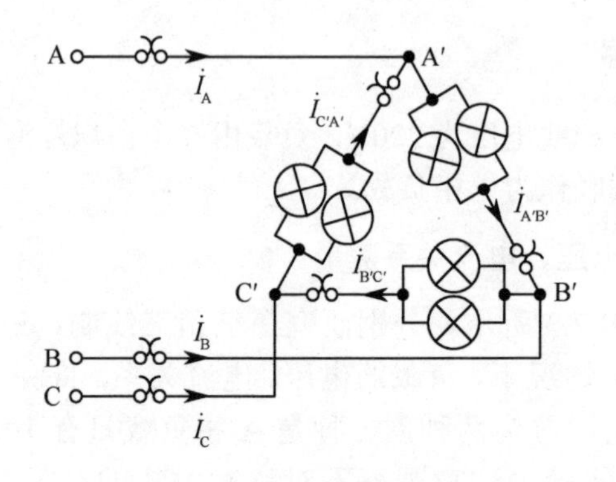

图 7.4　Δ接负载测试电路

表 7.2　Δ接负载电路测试数据

测量参数 负载结构	I_A /mA	I_B /mA	I_C /mA	$I_{A'B'}$ /mA	$I_{B'C'}$ /mA	$I_{C'A'}$ /mA	$U_{A'B'}$ /V	$U_{B'C'}$ /V	$U_{C'A'}$ /V
负载对称									
A′B′相 1 灯									
A′B′相开路									
AA′开路									

电路不对称的情况一种是负载侧的 A 相 1 灯和 A 相开路，另一种是电源侧 A 相端线开路的情况。实验中注意不对称时灯泡亮度的变化及原因。

7.2.3　注意事项及报告要求

1．注意事项

（1）预习实验相关的三相交流电路的理论知识和功率计的使用方法。

（2）假定线电压为 U_l，相电压为 U_p，每相负载为 R。对数据表格中的数据变化规律做出理论估计。

（3）因实验电压较高，务必在断电的情况下连接或改接电路，经反复检查后方可通电。

（4）连接或改接电路（如开路）时，严禁在电路中留有裸露的金属端，以免造成短路或触电事故。

2．实验报告要求

（1）将测试数据与理论数据的变化规律做对比，验证实验数据的正确性。如有差异，分析原因。

（2）说明测试表格中不同情况下的相/线电压和相/线电流的特点。

（3）描述 Y 接负载 A 相 1 灯时，有中线时灯泡亮度是否一致？无中线时灯泡亮度是否一致？作出两种情况的相量图并说明原因。

7.3　研究型进阶实验

7.3.1　正弦交流电路功率的测量

1．实验内容

利用 WD3150A 功率计，测量任意一相负载的交流功率。要求自行设计实验电路，测量负载在不同电源电压时的电压、电流、有功功率、无功功率、视在功率及功率因数。负载两端电压为电源线电压 U_l 时，测量数据记入表 7.3 中；负载两端电压为电源相电压 U_p 时，测量数据记入表 7.4。

表 7.3　正弦交流电路功率的测量（线电压）

负载结构＼测量参数	U_l/V	I/mA	P/W	Q/Var	S/VA	$\cos\varphi$
负载 2 灯并联						
负载 1 灯						

表 7.4　正弦交流电路功率的测量（相电压）

负载结构＼测量参数	U_p/V	I/mA	P/W	Q/Var	S/VA	$\cos\varphi$
负载 2 灯并联						
负载 1 灯						

2．实验报告要求

（1）根据实验数据分析，各灯泡的电阻是否一致？灯泡电阻会对表 7.1 和表 7.2 的测试数据产生什么影响？

（2）负载灯泡的电阻值是常数吗？其阻值的大小与哪些因素有关？

7.3.2　三相电源相序测定

1．实验内容

在发电、供电及用电部门中，确定三相电源的相序是非常重要的。相序可用专门的相序仪测定，也可以用 1 个电容和 2 个相同瓦数的灯泡组成简单

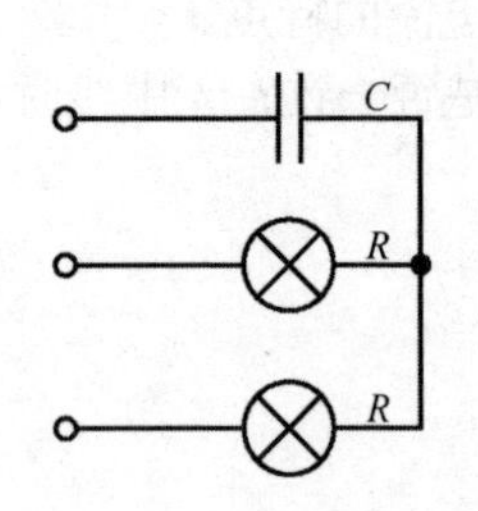

图 7.5　相序测量电路

的相序测量电路，如图 7.5 所示。当电路参数满足 $X_C = R$ 时，将负载与三相电源做 Y-Y 连接，电容所在相→灯较亮的相→灯较暗的相依次是个正序。

（1）利用功率计测量每个灯泡的功率，找到阻值最接近的两个灯泡。

（2）计算灯泡电阻 R，按照 $X_C = R$ 的条件选择电容值。

（3）将相序测量电路与对称三相电源做 Y-Y 连接，电路通电后，根据灯泡的明暗判断并记录三相电源的相序。

2．实验报告要求

（1）结合中性点偏移分析相序测量电路工作原理。

（2）如将电源端线任意两根互换，灯泡的亮度将如何变化？这一结果说明什么？

实验延展与讨论

1．试用相量图法定性分析表 7.1 和表 7.2 中数据的变化规律。
2．照明系统采用三相四线制，为用电安全，应在哪些位置安装熔断器（保险丝）？请在图 7.3(b)中画出。
3．三相四线制供电系统中，中线上是否可以安装熔断器（保险丝）？为什么？
4．Δ接负载不对称时，对负载本身的运行有无影响？为什么？
5．Δ接负载不对称时，如两相灯变暗，另一相灯正常，是什么原因？
6．负载灯泡的电阻可以用欧姆表测量吗？为什么？

第 8 章　动态电路的测量与研究

本章研究一阶、二阶动态电路在方波激励下的响应过程。针对一阶电路分别观察零输入、零状态响应的波形并对时间常数进行测量。讨论并观察通过调整时间常数而获得的微分电路和积分电路的响应波形。进阶实验部分对二阶动态电路的振荡与非振荡响应进行观察和相关参数的测量。

8.1　动态电路的分析方法

8.1.1　一阶电路的响应

一阶动态电路是可用一阶微分方程来描述的动态电路。一阶动态电路中一般含有一个储能元件或等效化简后含有一个储能元件。一阶微分方程的解，即动态电路的响应，由暂态响应和稳态响应构成。对于线性电路，根据叠加定理，一阶动态电路的响应也可以视为电路零状态响应和零输入响应的叠加。

1. 零状态响应

储能元件在零状态下，由外部激励引起的响应称为零状态响应。电路如图 8.1(a)所示，换路前电容处于零状态，$t=0$ 时开关 S 换路，电容由直流电源经电阻充电直至稳态。电容的充电过程为零状态响应。求零状态响应的一阶微分方程为

$$RC\frac{\mathrm{d}u_{\mathrm{C}}}{\mathrm{d}t}+u_{\mathrm{C}}=U_{\mathrm{S}}$$

零状态响应为

$$u_{\mathrm{C}}(t)=U_{\mathrm{S}}(1-\mathrm{e}^{-\frac{t}{\tau}})\quad(t\geqslant 0)\tag{8.1}$$

零状态响应曲线如图 8.1(b)所示。

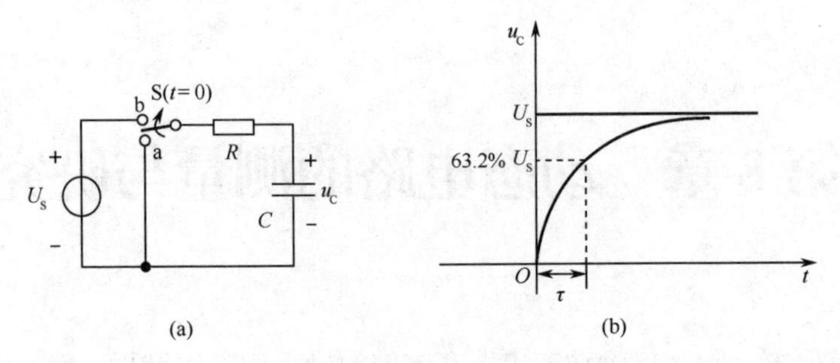

图 8.1　零状态一阶 RC 电路与零状态响应曲线

2. 零输入响应

外部激励的输入为零，由储能元件存储的能量引起的响应称为零输入响应。电路如图 8.2(a)所示，换路前电容已由直流电源经电阻充电至U_S，$t=0$ 时开关 S 换路，电容经电阻放电直至其电压为零。电容的放电过程为零输入响应。求零输入响应的一阶微分方程为

$$RC\frac{du_C}{dt}+u_C=0$$

零输入响应为

$$u_C(t)=U_S e^{-\frac{t}{\tau}} \quad (t\geqslant 0) \tag{8.2}$$

零输入响应曲线如图 8.2(b)所示。

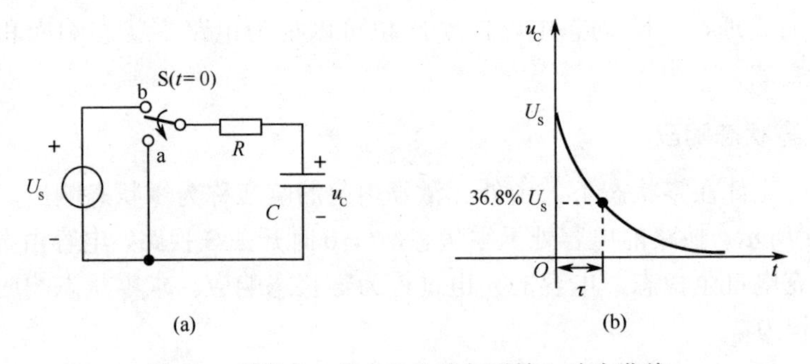

图 8.2　零输入一阶 RC 电路与零输入响应曲线

3. 时间常数及其测量

一阶动态电路的时间常数τ决定了动态响应暂态过程的快慢。由式（8.1）和式（8.2）可以看出，时间常数越大暂态过程即电容的充电或放电持续时间越长。时间常数由电路参数决定，一阶 RC 电路的时间常数$\tau=RC$。在实际电路中，也可通过零状态响应或零输入响应的波形进行测量。

在图 8.1(b)所示的零状态响应曲线上有$u_C(\tau)=63.2\%U_S$，即当电容电压从

零上升到稳态值的 63.2%时，经过了一个τ的时间。在图 8.2(b)所示的零输入响应曲线上有$u_C(\tau)=36.8\%U_S$，即电容电压从初值降落到初值的 36.8%时，经过了一个τ的时间。通过测量响应曲线上相应幅值所对应的时间即可知道电路的时间常数值。

暂态过程是一段非常短的过渡过程，工程上一般认为经过$3\tau\sim5\tau$的时间暂态过程趋于结束，电路进入新的稳态。为了在示波器上能够观测到这个过程，要使这一过程反复出现。实验中用周期为T的方波作为激励，如图 8.3(a)所示。方波周期T需满足$T/2\geqslant5\tau$，这样在方波的每个$T/2$周期内，电容都能充分地充电至稳态或放电至稳态，实现零状态响应和零输入响应周期地反复出现，如图 8.3(b)所示。

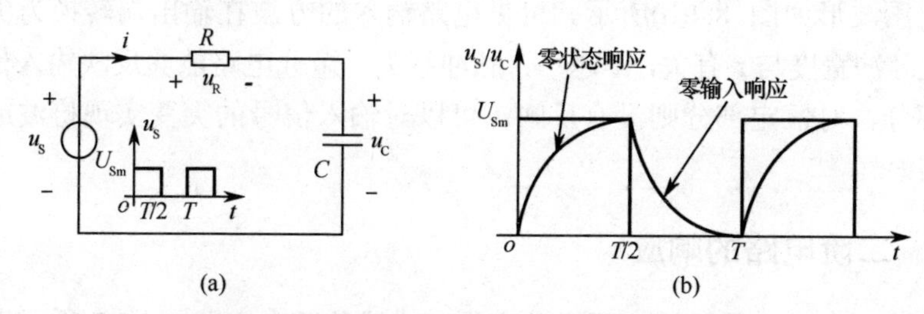

图 8.3　方波激励下的一阶 RC 电路及响应曲线

4．积分电路和微分电路

（1）积分电路

图 8.3(a)所示电路中，当时间常数很大，满足$\tau\gg T/2$时，在方波的$T/2$周期内，电容充电或放电的幅度变化很小，有$u_R(t)\gg u_C(t)$，因此$u_S(t)\approx u_R(t)$。此时电容电压为

$$u_C(t)=\frac{1}{C}\int i(t)\mathrm{d}t=\frac{1}{C}\int\frac{u_R(t)}{R}\mathrm{d}t=\frac{1}{RC}\int u_R(t)\mathrm{d}t\approx\frac{1}{RC}\int u_S(t)\mathrm{d}t$$

则$u_C(t)$近似与输入电压$u_S(t)$对时间的积分成正比，此时电路称为积分电路，电容电压波形如图 8.4(a)所示。可见电路输入的方波在输出端转换为三角波。

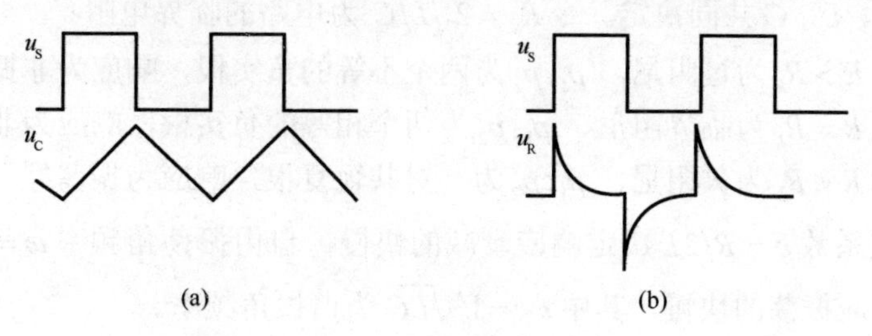

图 8.4　积分电路和微分电路响应波形

积分电路反映的是输入信号在一定时间内变化的累积，对跳变的信号有延缓作用，可抑制输入的干扰信号。

（2）微分电路

图 8.3(a)所示电路中，当时间常数很小，满足$\tau \ll T/2$时，在方波的 $T/2$ 周期内，电容的零状态或零输入响应瞬间完成，有$u_C(t) \gg u_R(t)$，因此$u_S(t) \approx u_C(t)$。此时电阻电压为

$$u_R(t) = R \cdot i(t) = RC\frac{du_C(t)}{dt} \approx RC\frac{du_S(t)}{dt}$$

则$u_R(t)$近似与输入电压$u_S(t)$对时间的微分成正比，此时电路称为微分电路，电阻电压波形如图 8.4(b)所示。可见电路输入的方波在输出端转换为尖脉冲波。尖脉冲宽度与τ有关，τ越小，脉冲越尖。微分电路能够反映输入信号的突变部分，对恒定部分则没有反映。可以对输入信号的突变实现检波或作为触发器。

8.1.2 二阶电路的响应

二阶动态电路是可用二阶微分方程来描述的动态电路。图 8.5 所示为 RLC 串联的二阶电路。

求电路的电容电压响应的二阶微分方程为

$$LC\frac{d^2u_C}{dt^2} + RC\frac{du_C}{dt} + u_C = U_S$$

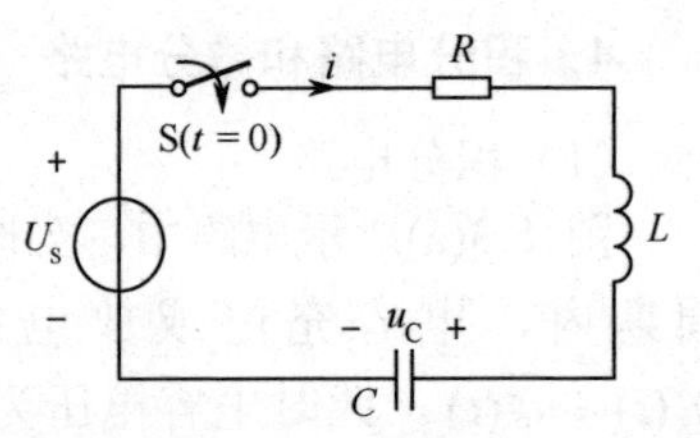

图 8.5 RLC 串联的二阶电路

微分方程的特征方程为

$$LCp^2 + RCp + 1 = 0$$

特征方程的特征根p_1, p_2的具体情况决定了响应的不同形式。p_1, p_2由电路参数 R、L、C 共同决定。令$R_k = 2\sqrt{L/C}$为电路的临界电阻。

（1）$R > R_k$为过阻尼，p_1, p_2为两个不等的负实根，响应为非振荡型。

（2）$R = R_k$为临界阻尼，p_1, p_2为两个相等的负实根，响应为非振荡型。

（3）$R < R_k$为欠阻尼，p_1, p_2为一对共轭复根，响应为振荡型。

衰减系数$\delta = R/2L$决定响应衰减的快慢；自由振荡角频率$\omega = \sqrt{\omega_0^2 - \delta^2}$决定了响应振荡的快慢，其中$\omega_0 = 1/\sqrt{LC}$为谐振角频率。

8.2　实验目的、内容及要求

8.2.1　实验目的与所需设备

1. 实验目的

（1）通过对一阶动态电路响应波形的观察和测量加深理论知识的理解。

（2）掌握一阶电路时间常数的测量方法，了解时间常数的变化对响应波形的影响。

（3）了解微分电路和积分电路的特点。

（4）掌握函数信号发生器和数字示波器的基本使用方法。

2. 所需设备和器件

（1）函数信号发生器	1 台
（2）示波器	1 台
（3）电阻箱	2 个
（4）电容箱	1 个
（5）电感（10mH）	1 个
（5）导线	若干

8.2.2　实验内容

1. 观测一阶电路在方波激励下的响应，测量时间常数

实验电路如图 8.6 所示，其中 u_S 为方波，$f = 1\text{kHz}$，$U_{Spp} = 6\text{V}$，偏置 3V。

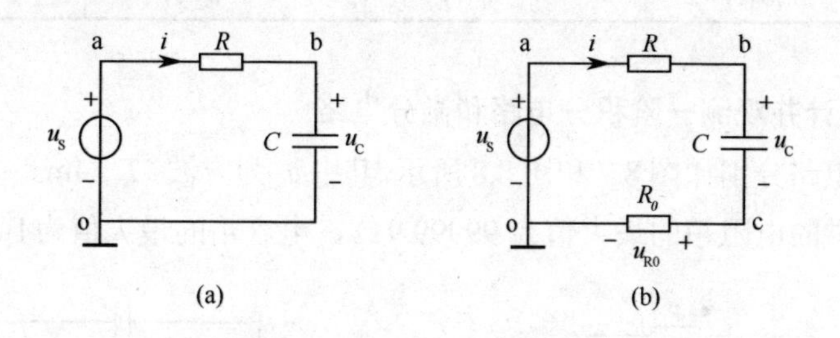

图 8.6　观测一阶 RC 电路响应

（1）观测 u_S 与 u_C 的波形，测量时间常数

按图 8.6(a)连接电路，其中 $R = 500\Omega$，$C = 0.1\mu\text{F}$。用示波器的 CH1、CH2 两个通道同时观察输入方波 u_S 与电容电压 u_C 响应波形，并测量 u_S 与 u_C 的最大

值和时间常数τ，记入表 8.1 中。将示波器上两波形垂直位移归零，在同一坐标系下绘制u_S与u_C的波形。

改变R、C参数为$R=1k\Omega$，$C=0.1\mu F$和$R=500\Omega$，$C=0.2\mu F$，重复以上步骤，测量结果记入表 8.1 中。

（2）观测u_C与i的波形

示波器一般不能直接观测电流信号，对电流信号的观测往往通过对电阻电压的观测来实现。但在图 8.6(a)中电阻电压u_R和电容电压u_C无法同时实现与示波器共地连接，所以按图 8.6(b)连接电路，其中$R=500\Omega$，$C=0.1\mu F$，$R_0=10\Omega$。电路中的R_0称为采样电阻。通过它可以观察电路电流的波形，又因为其阻值很小，可以用u_{bo}近似代替u_C而不会引起较大测量误差，这样既解决了同时观测u_C与i的波形，又能满足共地测量的要求。

将示波器两通道的探头分别并联在 bo 和 co 处，并注意与示波器的共地连接，则可以同时观察到$u_C(u_{bo})$与$i(u_{Ro})$波形。测量u_C与i的最大值，记入表 8.1 中。将两波形垂直位移归零，绘制在同一坐标系中。

表 8.1　一阶 RC 电路响应曲线及参数测量

一阶电路	$R=500\Omega$；$C=0.1\mu F$	$R=1k\Omega$；$C=0.1\mu F$	$R=500\Omega$；$C=0.2\mu F$	$R=500\Omega$；$C=0.1\mu F$
波形曲线	u_S,u_C/V；o；t/ms	u_S,u_C/V；o；t/ms	u_S,u_C/V；o；t/ms	u_C/V,i/mA；o；t/ms
测量值	$u_{Cmax}=$　$u_{Smax}=$ $\tau=$　$u_C(\tau)=$	$u_{Cmax}=$　$u_{Smax}=$ $\tau=$　$u_C(\tau)=$	$u_{Cmax}=$　$u_{Smax}=$ $\tau=$　$u_C(\tau)=$	$u_{Cmax}=$　$i_{max}=$

2．设计并观测一阶积分电路和微分电路

实验电路分别如图 8.7 和图 8.8 所示，其中u_S为方波，$T=1ms$，$U_{Spp}=6V$，实验可提供的电阻箱的最大值为99999.9Ω，电容箱的最大值为$1\mu F$。

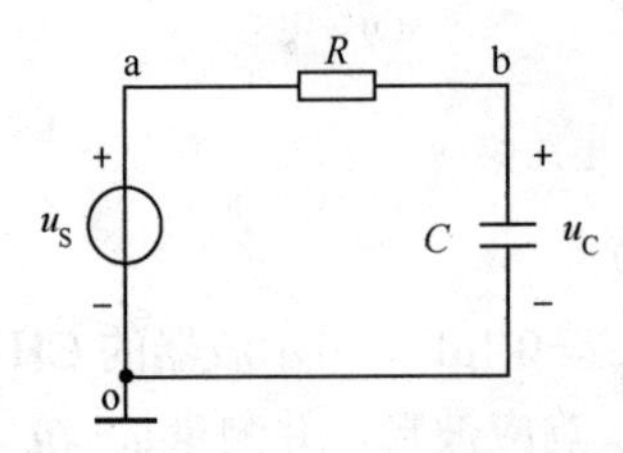

图 8.7　观测一阶 RC 积分电路响应

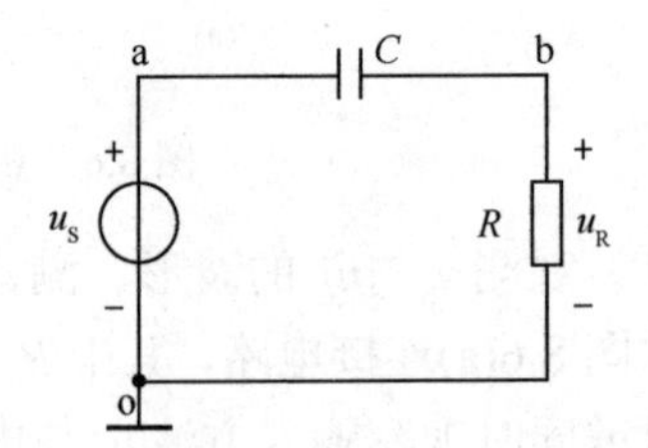

图 8.8　观测一阶 RC 微分电路响应

（1）设计积分电路参数（可取 $\tau = 10 \cdot T/2$）

按图 8.7 连接电路，用示波器同时观察 u_S, u_C 的波形并测量两者的峰峰值，在同一坐标系中绘制 u_S, u_C 的波形，记入表 8.2 中。

（2）设计微分电路参数（可取 $\tau = 1/20 \cdot T/2$）

按图 8.8 连接电路，用示波器同时观察 u_S, u_R 的波形并测量两者的峰峰值，在同一坐标系中绘制 u_S, u_R 的波形，记入表 8.2 中。

表 8.2　一阶 RC 积分和微分电路响应曲线及参数测量

	积分电路，$RC = 5T$	微分电路，$RC = T/40$
设计参数	$R =$　　Ω，$C =$　　μF	$R =$　　Ω，$C =$　　μF
波形曲线	u_S, u_C/V；o；t/ms	u_S, u_R/V；o；t/ms
测量值	$U_{Spp} =$　　；$U_{Cpp} =$	$U_{Spp} =$　　；$U_{Rpp} =$

8.2.3　注意事项及报告要求

1. 注意事项

（1）预习实验涉及的函数信号发生器和数字示波器的相关功能。

（2）预习过程要对待测数据的理论值、曲线、波形的变化规律进行计算与估计。

（3）信号发生器与示波器在测量时要实现共地连接。

2. 实验报告要求

（1）将表 8.1 中测量的 3 个时间常数与各自的理论值相比较，哪个误差最大？为什么？

（2）将表 8.1 中测得的各电压或电流值与各自的理论值相比较，分析误差原因。

（3）给出积分、微分电路的设计过程，将表 8.2 中的测量值与理论值相比较，分析误差原因。

（4）在积分/微分电路中，当选定时间常数而取不同的 R、C 组合会影响积分/微分波形的幅值吗？为什么？

（5）总结积分、微分电路的特点。

8.3 研究型进阶实验

8.3.1 RC 耦合电路设计与观测

1. 实验内容

RC 耦合电路主要用来实现交流信号的传递。实验电路如图 8.9 所示。电路输入信号 u_i 在电容 C 通交流隔直流的作用下，其中的直流成分被滤除，因此只有交流成分被输出。在 R、C 参数选择适当的情况下，u_i 的交流成分全部输出到电阻 R 的两端，即满足 $u_i \approx u_o$，实现交流耦合。

已知 u_i 为方波，f=1kHz，U_{Spp}=6V，偏置 3V。设计 R、C 参数，使得输入方波的交流成分全部输出到电阻 R 上。实验可提供电阻箱的最大值为 99999.9Ω，电容箱的最大值为1μF。

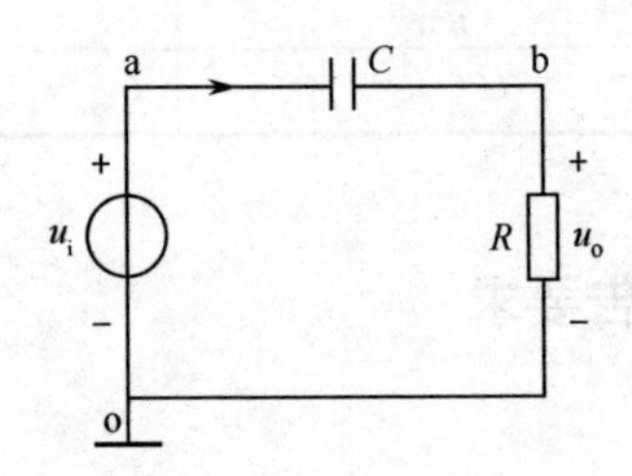

图 8.9 观测一阶 RC 耦合电路响应

（1）用示波器同时观察 u_i 和 u_o，在 CH1、CH2 通道均为直流耦合的情况下，将两波形垂直位移归零，在同一坐标系观察 u_o 的波形是否为 u_i 的交流成分。

（2）测量 u_i 和 u_o 的峰峰值，在同一坐标系下绘制两波形。

2. 实验报告要求

（1）写出设计 R、C 参数的过程和依据。

（2）计算 u_i 和 u_o 的峰峰值，与测量值相比较，并分析误差原因。

（3）u_o 波形是否与 u_i 的交流成分一致？如有差别，请分析原因。

8.3.2 二阶电路暂态响应性能研究

1. 实验内容

观测 RLC 串联二阶电路在方波激励下的响应。实验电路如图 8.10 所示，其中 u_S 为方波，$f=1\text{kHz}$, $U_{Spp}=6\text{V}$，$L=10\text{mH}$，$C=0.01\mu\text{F}$，R 由电阻箱提供，最大值为 99999.9Ω。用示波器同时观测 u_S, u_C 的波形。

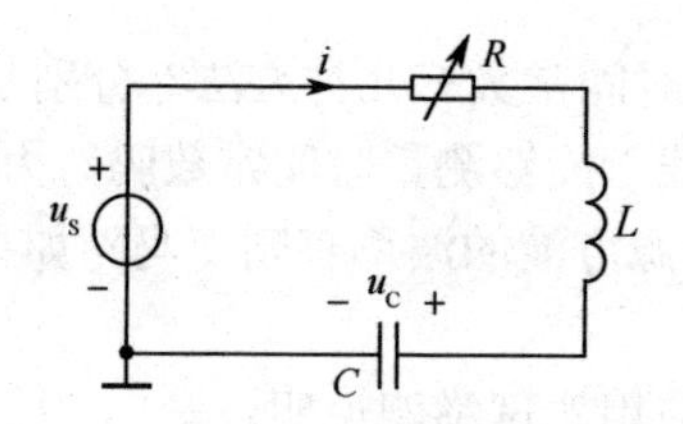

图 8.10　观测 RLC 串联二阶电路响应

（1）调整电阻 R，使电路响应分别为临界阻尼状态、过阻尼状态，记录对应的电阻值。在同一坐标系观察并绘制 u_S, u_C 的波形，记入表 8.3 中。

（2）调整电阻 R，使电路响应为欠阻尼状态，自由振荡周期数不小于 3。记录对应的电阻值。在 u_C 波形上测量其最大值和自由振荡周期。在同一坐标系观察并绘制 u_S, u_C 的波形，记入表 8.3 中。

表 8.3　二阶 RLC 串联电路暂态响应曲线及参数测量

响应状态	过阻尼	临界阻尼	欠阻尼
波形曲线	u_S, u_C/V O　t/ms	u_S, u_C/V O　t/ms	u_S, u_C/V O　t/ms
电路参数	$R=$	$R=$	$R=$　，$U_{Cmax}=$

2．实验报告要求

（1）计算临界电阻的理论值，与实际的临界电阻相比较，进行误差计算和分析。

（2）计算欠阻尼时 u_C 理论上的最大值和自由振荡周期，与其实测值相比较，进行误差计算和分析。

（3）总结二阶动态电路响应的特点。

实验延展与讨论

1. 在观测响应波形的过程中，函数信号发生器和数字示波器为什么要求共地测量？
2. 试述图 8.6(b)电路中引入采样电阻的必要性和合理性。采样电阻的引入会对哪些数据的测量产生影响？
3. 如何调整示波器，以使示波器两个通道上的波形位于同一坐标系下？

4. 使用数字示波器测量时间常数有几种方法？分别是什么？
5. RC 电路的全响应曲线上能够测量时间常数吗？为什么？
6. 实验过程中发现信号源方波的波形有畸变吗？如果有，是什么情况下？原因是什么？
7. RC 耦合电路有哪些应用？试举例说明。
8. 二阶 RLC 串联实验电路中，如果将电阻箱的阻值变为零，u_C 的响应波形是怎样的？为什么？
9. 二阶 RLC 串联实验电路中，如果电路的谐振频率刚好和信号源方波的频率一致，那么此时响应波形是怎样的？为什么？

第 9 章　网络频率特性及双口网络参量的测量

本实验涉及 RLC 低通、高通、带通、带阻滤波器及其频率特性，双口网络参数（*Y*、*Z*、*H*、*T*）的定义，双口网络的开路阻抗和短路阻抗等电路理论知识。实验前，学生需对以上知识点进行预习。

9.1　电路网络的理论知识

下面简要列出本实验项目将用到的电路理论知识内容，供学生参考。

9.1.1　RLC 滤波器及其频率特性

1. RLC 低通滤波器

RLC 低通滤波器的电路及其频率特性曲线如图 9.1 所示。

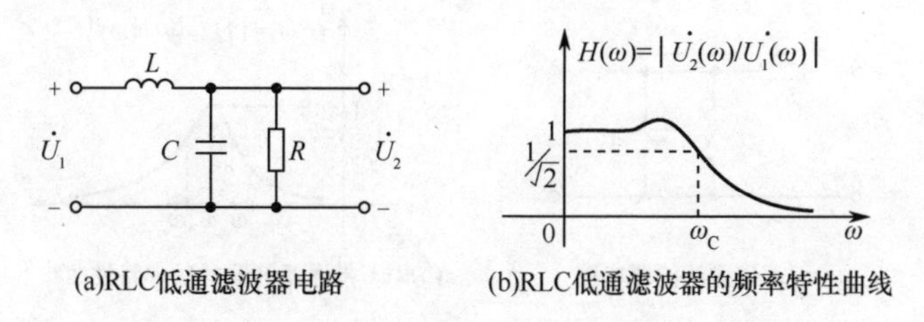

(a)RLC低通滤波器电路　(b)RLC低通滤波器的频率特性曲线

图 9.1　RLC 低通滤波器的电路及其频率特性曲线

R LC 低通滤波器频率特性的数学表示如下：

$$H(\omega)=\left|\frac{\dot{U}_2(\omega)}{\dot{U}_1(\omega)}\right|=\left|\frac{\frac{1}{LC}}{s^2+\frac{1}{RC}s+\frac{1}{LC}}\right|_{s=\mathrm{j}\omega}=\left|\frac{\omega_n^2}{s^2+2\xi\omega_n s+\omega_n^2}\right|_{s=\mathrm{j}\omega}$$

式中，$\omega_n=\frac{1}{\sqrt{LC}},\ \xi=\frac{1}{2R}\sqrt{\frac{L}{C}}$。

2．RLC 高通滤波器

RLC 高通滤波器的电路及其频率特性曲线如图 9.2 所示。

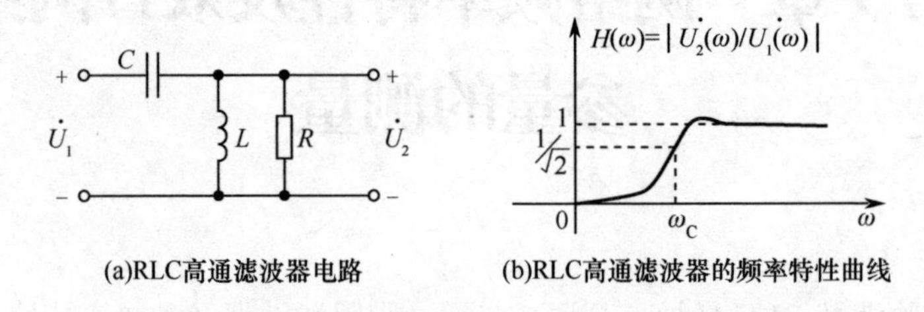

(a)RLC高通滤波器电路　(b)RLC高通滤波器的频率特性曲线

图 9.2　RLC 高通滤波器的电路及其频率特性曲线

RLC 高通滤波器频率特性的数学表示如下：

$$H(\omega)=\left|\frac{\dot{U}_2(\omega)}{\dot{U}_1(\omega)}\right|=\left|\frac{s^2}{s^2+\frac{1}{RC}s+\frac{1}{LC}}\right|_{s=\mathrm{j}\omega}=\left|\frac{s^2}{s^2+2\xi\omega_n s+\omega_n^2}\right|_{s=\mathrm{j}\omega}$$

式中，$\omega_n=\frac{1}{\sqrt{LC}}, \xi=\frac{1}{2R}\sqrt{\frac{L}{C}}$。

3．RLC 带通滤波器

RLC 带通滤波器的电路及其频率特性曲线如图 9.3 所示。

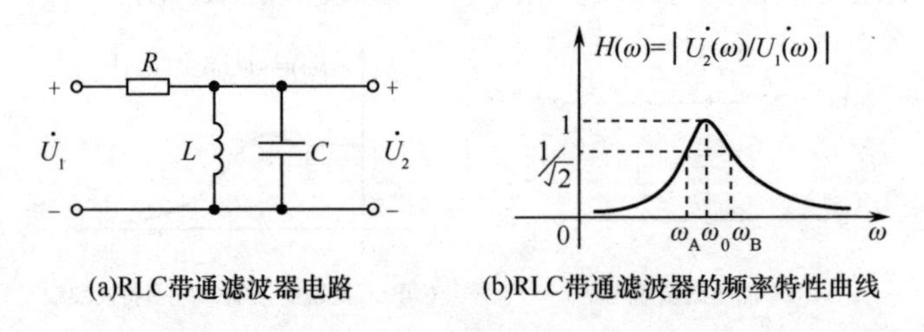

(a)RLC带通滤波器电路　(b)RLC带通滤波器的频率特性曲线

图 9.3　RLC 带通滤波器电路及其频率特性曲线

RLC 带通滤波器频率特性的数学表示如下：

$$H(\omega)=\left|\frac{\dot{U}_2(\omega)}{\dot{U}_1(\omega)}\right|=\left|\frac{\frac{1}{RC}s}{s^2+\frac{1}{RC}s+\frac{1}{LC}}\right|_{s=\mathrm{j}\omega}=\left|\frac{2\xi\omega_n s}{s^2+2\xi\omega_n s+\omega_n^2}\right|_{s=\mathrm{j}\omega}$$

式中，$\omega_n=\frac{1}{\sqrt{LC}}, \xi=\frac{1}{2R}\sqrt{\frac{L}{C}}$。

4．RLC 带阻滤波器

RLC 带阻滤波器的电路及其频率特性曲线如图 9.4 所示。

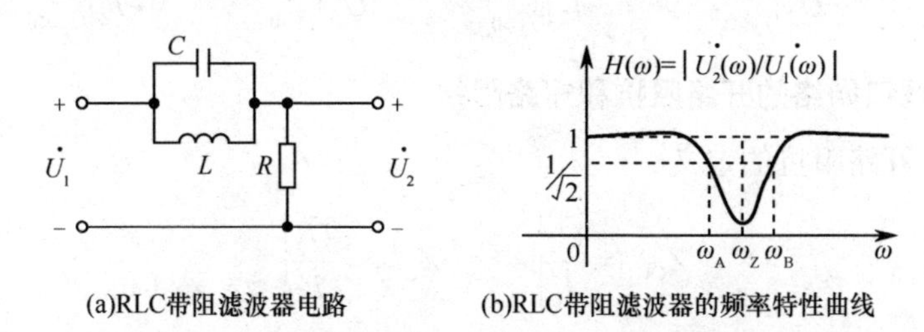

图 9.4　RLC 带阻滤波器电路及其频率特性曲线

RLC 带阻滤波器频率特性的数学表示如下：

$$H(\omega)=\left|\frac{\dot{U}_2(\omega)}{\dot{U}_1(\omega)}\right|=\left|\frac{s^2+\dfrac{1}{LC}}{s^2+\dfrac{1}{RC}s+\dfrac{1}{LC}}\right|_{s=\mathrm{j}\omega}=\left|\frac{s^2+\omega_n^2}{s^2+2\xi\omega_n s+\omega_n^2}\right|_{s=\mathrm{j}\omega}$$

式中，$\omega_n=\dfrac{1}{\sqrt{LC}}$，$\xi=\dfrac{1}{2R}\sqrt{\dfrac{L}{C}}$。

9.1.2　双口网络参数的定义

双口网络电路图如图 9.5 所示。

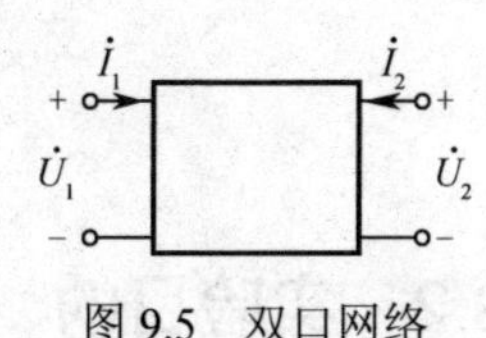

图 9.5　双口网络

1．*Y* 参数定义

$$y_{11}=\left.\frac{\dot{I}_1}{\dot{U}_1}\right|_{\dot{U}_2=0}\qquad y_{12}=\left.\frac{\dot{I}_1}{\dot{U}_2}\right|_{\dot{U}_1=0}\qquad y_{21}=\left.\frac{\dot{I}_2}{\dot{U}_1}\right|_{\dot{U}_2=0}\qquad y_{22}=\left.\frac{\dot{I}_2}{\dot{U}_2}\right|_{\dot{U}_1=0}$$

2．*Z* 参数定义

$$z_{11}=\left.\frac{\dot{U}_1}{\dot{I}_1}\right|_{\dot{I}_2=0}\qquad z_{12}=\left.\frac{\dot{U}_1}{\dot{I}_2}\right|_{\dot{I}_1=0}\qquad z_{21}=\left.\frac{\dot{U}_2}{\dot{I}_1}\right|_{\dot{I}_2=0}\qquad z_{22}=\left.\frac{\dot{U}_2}{\dot{I}_2}\right|_{\dot{I}_1=0}$$

3．*H* 参数定义

$$h_{11}=\left.\frac{\dot{U}_1}{\dot{I}_1}\right|_{\dot{U}_2=0}\qquad h_{12}=\left.\frac{\dot{U}_1}{\dot{U}_2}\right|_{\dot{I}_1=0}\qquad h_{21}=\left.\frac{\dot{I}_2}{\dot{I}_1}\right|_{\dot{U}_2=0}\qquad h_{22}=\left.\frac{\dot{I}_2}{\dot{U}_2}\right|_{\dot{I}_1=0}$$

4. *T* 参数定义

$$t_{11}=\left.\frac{\dot{U}_1}{\dot{U}_2}\right|_{\dot{I}_2=0}\quad t_{12}=\left.\frac{\dot{U}_1}{-\dot{I}_2}\right|_{\dot{U}_2=0}\quad t_{21}=\left.\frac{\dot{I}_1}{\dot{U}_2}\right|_{\dot{I}_2=0}\quad t_{22}=\left.\frac{\dot{I}_1}{-\dot{I}_2}\right|_{\dot{U}_2=0}$$

5. 双口网络的开路阻抗和短路阻抗

（1）开路阻抗的定义

$$Z_{\rm OC1}=\left.\frac{\dot{U}_1}{\dot{I}_1}\right|_{\dot{I}_2=0}\qquad Z_{\rm OC2}=\left.\frac{\dot{U}_2}{\dot{I}_2}\right|_{\dot{I}_1=0}$$

（2）短路阻抗的定义

$$Z_{\rm SC1}=\left.\frac{\dot{U}_1}{\dot{I}_1}\right|_{\dot{U}_2=0}\qquad Z_{\rm SC2}=\left.\frac{\dot{U}_2}{\dot{I}_2}\right|_{\dot{U}_1=0}$$

（3）开路阻抗、短路阻抗与 *T* 参数的关系

$$Z_{\rm OC1}=\left.\frac{\dot{U}_1}{\dot{I}_1}\right|_{\dot{I}_2=0}=\frac{t_{11}}{t_{21}}\qquad Z_{\rm SC1}=\left.\frac{\dot{U}_1}{\dot{I}_1}\right|_{\dot{U}_2=0}=\frac{t_{12}}{t_{22}}$$

$$Z_{\rm OC2}=\left.\frac{\dot{U}_2}{\dot{I}_2}\right|_{\dot{I}_1=0}=\frac{t_{22}}{t_{21}}\qquad Z_{\rm SC2}=\left.\frac{\dot{U}_2}{\dot{I}_2}\right|_{\dot{U}_1=0}=\frac{t_{12}}{t_{11}}$$

9.2 实验目的、内容及要求

9.2.1 实验目的与所需设备

1. 实验目的

（1）训练学生的独立动手能力，综合运用所学电路理论知识，完成对二阶无源滤波器频率特性；（2）双口网络参数的测量；（3）独立设计实验，综合分析问题解决问题的能力。

2. 实验所需设备

（1）毫伏表　　1 块
（2）信号源　　1 台
（3）双踪示波器　　1 台

（4）带有编号的高通滤波电路板　　1 块

（5）带阻滤波电路板　　1 块

9.2.2　实验内容

1．无源滤波器特性测试

由学生在高通、带阻两种类型的 RLC 无源滤波器（其电路图形式见预习内容）中任选一个，要求学生运用所学知识对所选的滤波器类型，完成频率特性的实验测量任务，并根据测量数据画出滤波器的频率特性曲线。

（1）高通滤波电路 HPF 频率特性测试

实验电路原理图如图 9.6 所示，输入信号 u_i 在 1、2 引脚加入，在 4、5 引脚测量输出信号 u_o。随着输入信号的频率变化，在输出端测量输出信号的幅度变化情况。在测量过程中，既可以选择毫伏表的有效值挡位进行测量，也可以选择最大值挡位进行测量。需要注意的是，当选好一个挡位后，就按照该挡位一直进行实验，直到测量数据结束。不要在读数过程中随意变换挡位，造成对数据的读取基准不同而带来操作误差。

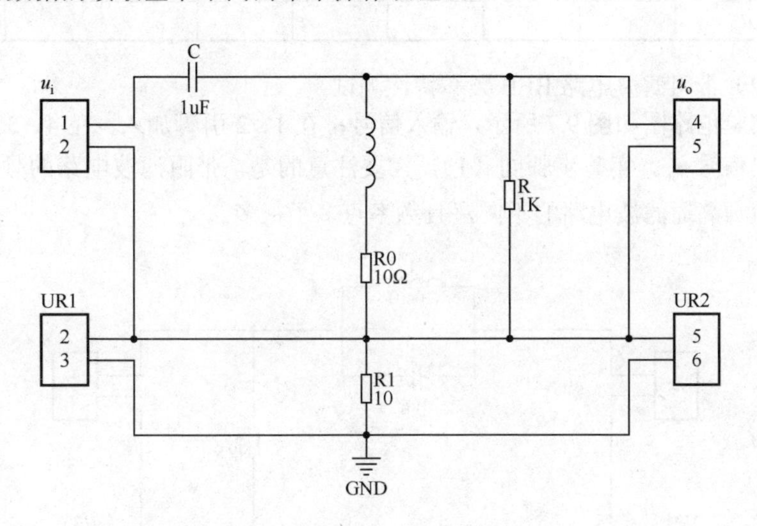

图 9.6　HPF 电路原理图

表 9.1 所示的记录表格给出了参考频率点，可以根据实际情况增加或改变几个频率点进行测试。在增变的过程中，本着对数据的有效性、对滤波曲线绘制的完整性和对实验的严谨性为宗旨而进行。对增变频点的取舍，也能反映出学生预习实验是否充分等情况。

表 9.1　HPF 数据记录表

f/Hz	100	200	300	400	500	600	700	800
U_i（Vpp/mV）								
U_o（Vpp/mV）								
U_o/U_i								
f/Hz	900	1k	1.2k	1.5k	1.8k	2.2k	2.5k	3.0k
U_i（Vpp/mV）								
U_o（Vpp/mV）								
U_o/U_i								
f/Hz	3.2k	3.3k	3.5	3.6	3.8	4.0	4.2	4.5
U_i（Vpp/mV）								
U_o（Vpp/mV）								
U_o/U_i								
f/Hz	10k	12k	14k	15k	18k	20k	40k	60k
U_i（Vpp/mV）								
U_o（Vpp/mV）								
U_o/U_i								

（2）带阻滤波电路 BEF 频率特性测试

实验电路图如图 9.7 所示，输入信号 u_i 在 1、2 引脚加入，在 4、5 引脚测量输出信号 u_o。实验步骤同（1），需要注意的是，带阻滤波电路的频率点的选取值与高通滤波电路的不同，且频率点多了很多。

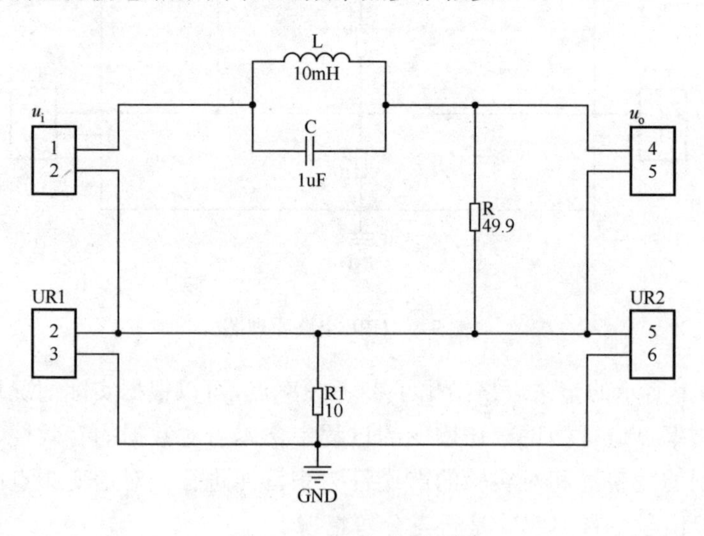

图 9.7　BEF 电路原理图

表 9.2 给出了 BEF 数据记录表。测量过程中，只改变频率点，似乎过程很简单。请结合实验后的“实验延展与讨论”所列举的问题，对产生的现象进行分析并得出结论。

表 9.2　BEF 数据记录表

f/Hz	100	200	300	400	500	600	700	800
U_i（Vpp/mV）								
U_o（Vpp/mV）								
U_o/U_i								
f/Hz	900	1.0k	1.1k	1.2k	1.3k	1.4k	1.5k	1.6k
U_i（Vpp/mV）								
U_o（Vpp/mV）								
U_o/U_i								
f/Hz	1.7k	1.8k	1.9k	2.0k	2.1k	2.2k	2.3k	2.4k
U_i（Vpp/mV）								
U_o（Vpp/mV）								
U_o/U_i								
f/Hz	2.5k	2.6k	2.7k	2.8k	2.9k	3.0k	4.0k	4.5k
U_i（Vpp/mV）								
U_o（Vpp/mV）								
U_o/U_i								
f/Hz	5.0k	5.5k	6.0k	6.5k	7.0k	8.0k	8.5k	9.0k
U_i（Vpp/mV）								
U_o（Vpp/mV）								
U_o/U_i								

2．双口网络的 T 参数测定

由学生任选一个带有编号的双口网络实验板，要求学生独立完成对所选双口网络的开路阻抗和短路阻抗的实验测量任务，并利用测量数据和数学计算给出所选双口网络的 T 参数。实验电路图如图 9.8 所示。

（1）开路阻抗与短路阻抗的测量

该电路图是纯电阻网络，在进行测量前，请先预习计算出该双口网络的开路阻抗 Z_{OC1}、Z_{OC2} 和短路阻抗 Z_{SC1}、Z_{SC2} 的理论值，然后与实验测量值进行比较，做出误差分析。

实验中，开路阻抗的测量只要在电路中分别断开输入/输出回路，分别满足 $I_1=0$ 和 $I_2=0$ 的条件。而当使用排线对电路进行短路阻抗的测量时，要注

意排线该如何连接才能分别满足 $U_1=0$ 和 $U_2=0$ 这两个条件。

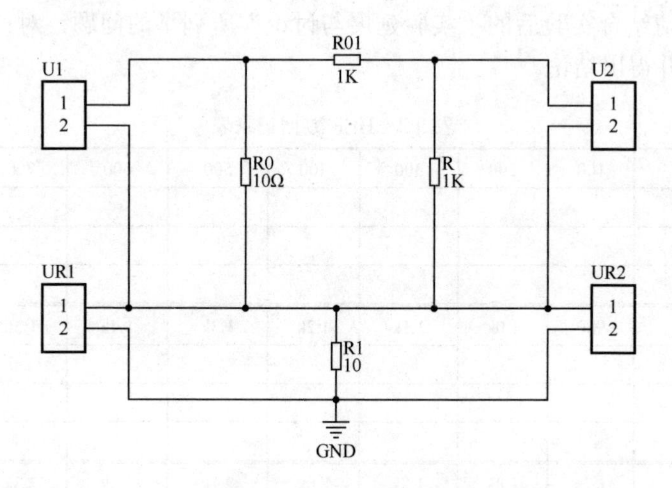

图 9.8 π 形双口网络电路图

（2）双口网络 T 参数的测量

根据上述双口网络的开路阻抗与短路阻抗的测量值，结合公式

$$t_{11}t_{22}-t_{12}t_{21}=1$$

利用测量数据和数学计算，给出所选双口网络的 T 参数。即计算出双口网络的传输参数方程的各值：

$$T_{测}=\begin{bmatrix} t_{11} & t_{12} \\ t_{21} & t_{22} \end{bmatrix}$$

与 π 形双口网络的理论值

$$T_{理}=\begin{bmatrix} t_{11} & t_{12} \\ t_{21} & t_{22} \end{bmatrix}$$

进行比较，做出误差分析，即可。

9.2.3 注意事项及报告要求

1. 注意事项

（1）对实验 1 中的滤波器电路参数做下列限定：

高通滤波器：$L=1\text{mH}$（$Q=100$），$C=1\mu\text{F}$，$R=1000\Omega$

带阻滤波器：$L=10\text{mH}$（$Q=100$），$C=1\mu\text{F}$，$R=50\Omega$

（2）实验 1 的滤波器电路板编号和实验 2 选用的双口网络的编号需在

实验报告中注明。

2．报告要求

（1）要求撰写和提交包含全部实验内容的实验报告一份。

（2）测试数据应以合理设计的表格形式在实验报告中提供，实验测量方案应以图示方式给出。

（3）报告中需给出滤波器的频率特性曲线及双口网络的 T 参数，注意曲线坐标系的选取。

（4）应对测量误差或精度给出必要的讨论。

9.3　研究型进阶实验

把实验 1 所选滤波器（型号相同）的电路作为实验 2 的双口网络，则该双口网络的文件包含电阻、电容和电感。要求给出具体的实验测量方案，可参照表 9.3，自行设计绘制数据记录表格，并完成带相位的双口网络的相关参数的测量。利用实验数据算出 T 参数。

表 9.3　双口网络数据记录表

	U_1	U_{R1}		U_2	U_{R2}
$I_2=0$			$I_1=0$		
	U_1	U_{R1}		U_2	U_{R2}
$U_2=0$			$U_1=0$		

同时通过数学分析从实验 1 所选的滤波器电路中求出 T 参数，然后对实验测量和理论分析获得的 T 参数的差异，进行必要的讨论。

实验电路如图 9.9 所示，对应在图 9.9(a)和图 9.9(b)中任选其一。测量过程中，主要难点是注意该双口网络不是纯电阻网络，它包含有电容和电感元件，因此要注意相位差的存在。即开路阻抗和短路阻抗的测量和计算，以及 T 参数的计算都包含有阻抗角，因此提高了设计实验的难度，也让学生体会到理论与实践相结合的真谛。

从本次实验的设计过程中，可以真切地感受到，为了能够使实验顺利进行，实验内容清楚，操作步骤明晰，其预习报告、熟知相关理论知识和对结论的验证分析等都起着至关重要的作用。

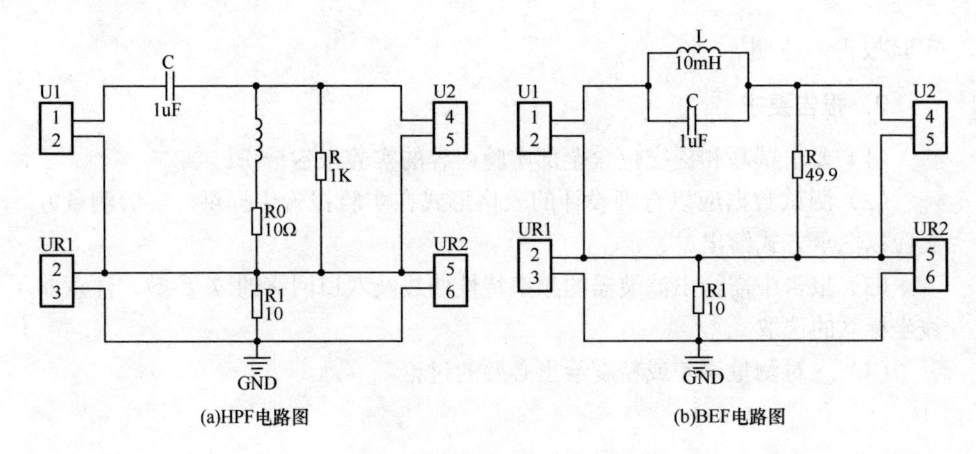

图 9.9　带相位的双口网络电路图

实验延展与讨论

1．怎样消除高通滤波器在转折频率附近的谐振峰？
2．如何使带通滤波器的通带更窄些？
3．和高通滤波电路相比，为什么带阻滤波电路的频率测试点选取得多？
4．频率变化时，输入信号的幅度是否变化？为什么？
5．双口网络的参数实验中，10Ω 电阻存在的目的和意义是什么？
6．进阶实验中，输入信号从哪两个引脚进入？在哪两个引脚测量输出？
7．进阶实验中，相位差的计算和测量和哪些因素有关？

第 10 章　基于 Multisim 软件的电路分析

本章介绍使用电路仿真软件 Multisim 对电路进行设计和分析，并验证电路响应的内容。通过对具体电路响应的测量，使学生理解和仿真软件中的各功能特性并熟练运用，同时认识并掌握在 EDA 软件平台中，如何使用各虚拟设备和仪器仪表，以及注意事项。

10.1　预习内容及相关理论知识

10.1.1　Multisim 10.0 软件使用介绍

关于软件使用的介绍，参看本书第 4 章。

10.1.2　电路定律和定理叙述

基尔霍夫定律是任何集中参数电路都适用的基本定律，它包括电流定律和电压定律。基尔霍夫定律是分析和计算较为复杂电路的基础，它既可以用于直流电路的分析，也可以用于交流电路的分析，还可以用于含有电子元件的非线性电路的分析。

基尔霍夫电流定律描述电路中各电流的约束关系，又称为节点电流定律。基尔霍夫电流定律（KCL）指出：在任意时刻，对于集中参数电路的任一节点，流入该节点电流 i_{i} 的总和等于流出该节点电流 i_{o} 的总和，即流入或流出该节点的电流代数和恒为零：

$$\sum i_{\mathrm{i}} = \sum i_{\mathrm{o}} \quad 或 \quad \sum i = 0$$

基尔霍夫电压定律描述电路中各电压的约束关系，又称为回路电压定律。基尔霍夫电压定律指出：在任意时刻，对于集中参数电路的任意回路，沿回路绕行方向所有电压降之和等于电压升之和，即在任一时刻，沿闭合回路绕行一周途径所有电压的代数和为零：

$$\sum u = 0$$

叠加定理指出，对于线性电路，多个激励源共同作用时引起的响应（电路中各处的电压或电流）等于各个激励源单独作用时（其他激励源置为 0）所产生响应的叠加（代数和）。

戴维南定理指出：一个含独立源的线性二端电阻网络，对外可以等效为一个电压源和一个电阻相串联的电路。此电压源的电压等于该二端网络的开路电压，电阻等于该二端网络中所有独立源均置零时的等效电阻。

以一组独立节点的节点电压为网络变量，依据 KCL 定律列方程求解的分析方法，称为节点电压法，简称节点法或节点分析（nodal analysis）。

10.2 实验目的、内容及要求

10.2.1 实验目的与所需设备

1. 实验目的

（1）验证基尔霍夫定律、戴维南定理、叠加定理和齐性定理，加深对其内容的理解。

（2）学习并熟练电路仿真软件 Multisim 10.0 的使用方法，以节点电压法为例，学习分析和求解电路的响应的过程。

（3）了解电路问题可使用先进的软件 EDA 等工具进行仿真。

2. 所需设备和器件

安装有软件 Multisim 10.0 的计算机　　1 台

10.2.2 实验内容

1. 基尔霍夫定律仿真实验

在 Multisim 10.0 中，搭建仿真实验电路，如图 10.1 所示。用万用表测量各支路的直流电流和各电阻元件的直流电压，并将仿真测量数据填入表 10.1 中。

根据理论分析计算的数据与仿真测量的数据可知，仿真测量的电路响应数据与理论分析计算的电路响应数据一致，说明仿真实验对实际电路的分析具有指导意义。

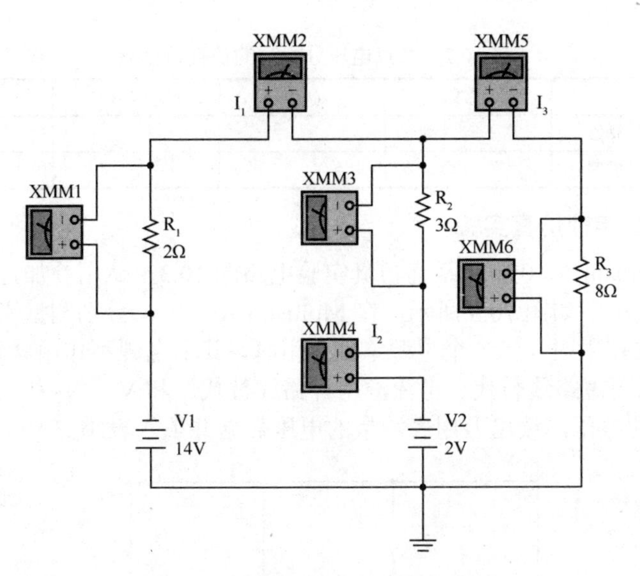

图 10.1　基尔霍夫定律仿真电路图

表 10.1　验证基尔霍夫定律的仿真实验数据

实验数据	I_1/mA	I_2/mA	I_3/mA	U_{R1}/V	U_{R2}/V	U_{R3}/V
理论计算值						
仿真测量值						

2．节点电压分析法仿真实验

在 Multisim 10.0 中，搭建仿真实验电路，如图 10.2 所示，用节点电压分析法求解流经电阻 R_3 的电流。

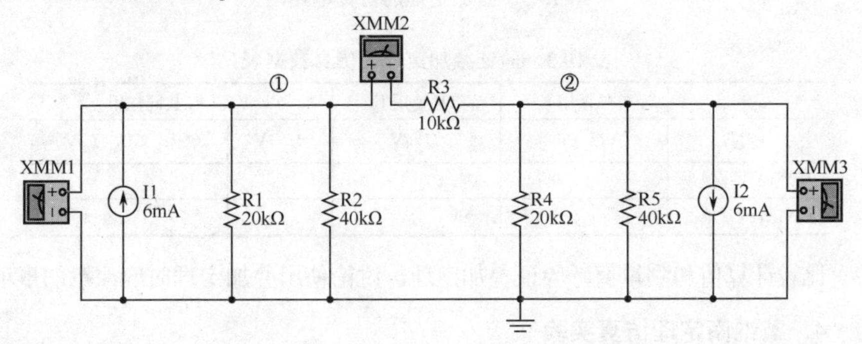

图 10.2　节点电压分析法的仿真电路图

在 Multisim 10.0 中，打开仿真开关，读出万用表测量的电压和电流数据，如图 10.2 所示，将测量值填入表 10.2 中，比较计算值和测量值，验证节点电压分析。

表 10.2　节点电压分析法的仿真数据表

	U_1/V	U_2/V	(U_1-U_2)/V	I_{R3}/A
理论计算值				
仿真测量值				

3．叠加定理仿真实验

在 Multisim 10.0 中，搭建仿真实验电路图 10.3，试用叠加定理求解电阻 R_2 两端的电压。如图 10.3 所示，在 Multisim 10.0 中，分别测量当直流电压源 V_1、V_2 单独作用时（当一个电源单独作用时，其余电源不作用就意味着取零，即将电压源用短路线替代、电流源用开路线替代）和 V_1、V_2 共同作用时，电阻 R_2 两端的电压，读出万用表测量的电压数据并填入表 10.3 中。

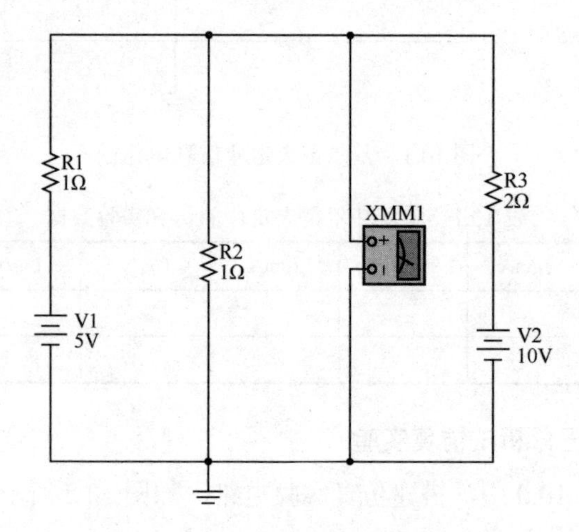

图 10.3　叠加定理的仿真电路图

表 10.3　验证叠加定理的仿真数据表

	单独使用 V_1	单独使用 V_2	V_1、V_2 共同作用	
变量	U'_{R2} /V	U''_{R2} /V	U_{R2} /V	（$U'_{R2}+U''_{R2}$）/V
理论计算值				
仿真测量值				

比较计算值和测量值，验证叠加定理，讨论使用叠加定理时应注意的事项。

4．戴维南定理仿真实验

在 Multisim 10.0 中，搭建仿真实验电路图 10.4(a)，试用戴维南定理求解电阻 R_4 中流过的电流 I。在 Multisim 10.0 中，搭建仿真实验电路图 10.4(b)，测量电阻 R_4 中流过的电流 I，并将数据填入表 10.4。

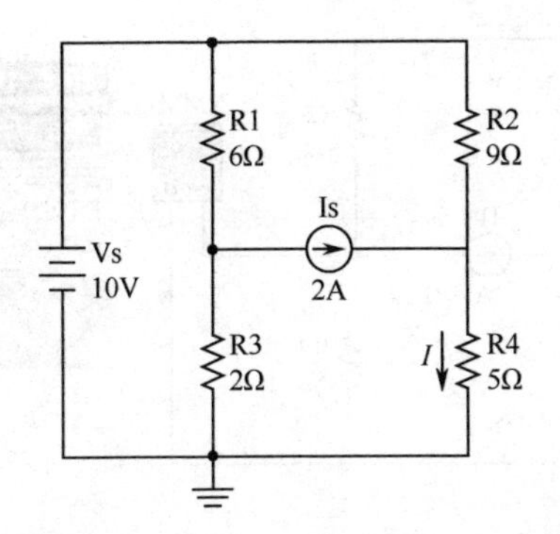

图 10.4(a)　戴维南定理仿真电路图

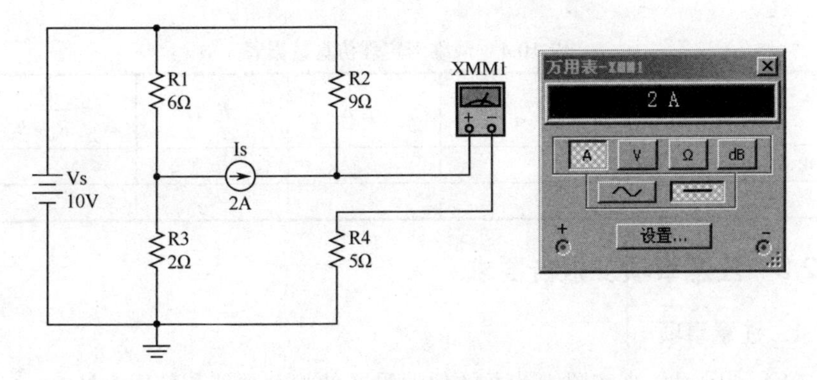

图 10.4(b)　测量电流仿真电路图

在 Multisim 10.0 中，搭建仿真实验电路图 10.4(c)，测量端口开路电压 U_{oc}，并将数据填入表 10.4。

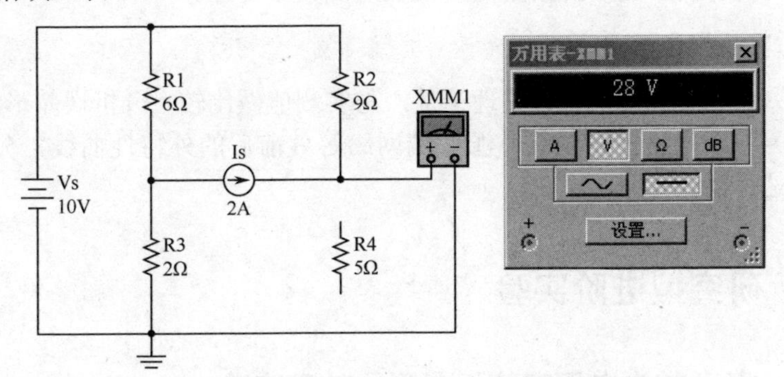

图 10.4(c)　测量开路电压 U_{oc} 仿真电路图

在 Multisim 10.0 中，搭建仿真实验电路图 10.4(d)，测量端口短路电流 I_{sc}，并将数据填入表 10.4。

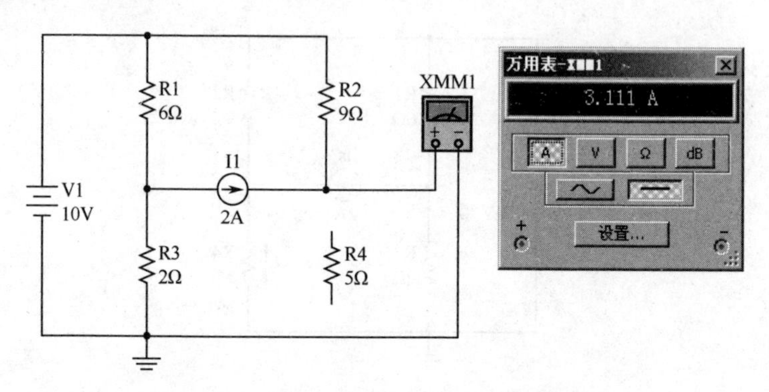

图 10.4(d)　测量短路电流 I_{sc} 仿真电路图

表 10.4　戴维南定理仿真数据表

	I /A	U_{oc} /V	I_{sc} /A	R_0 /Ω	$I=\dfrac{U_{oc}}{R_0+R_4}$ /A
理论计算值					
仿真实验值					

10.2.3　注意事项及报告要求

1．注意事项

（1）请预习仿真实验中涉及的仪器设备的相关功能和使用方法。

（2）预习过程中应对关键理论值进行计算，或对数据变化趋势做理论上的估计，以便在实验过程中及时发现异常现象。

（3）所有需要测量的数据均以仪表实测读数为准。

2．实验报告要求

（1）计算 U_{oc}、I_{sc} 和 R_0 的理论值，与实测值做比较，分析误差形成原因。

（2）在同一坐标系绘制有源二端网络等效前后的外特性曲线，分析戴维南定理是否得到验证。

10.3　研究型进阶实验

10.3.1　基尔霍夫电压定律相量形式仿真实验

1．实验内容

在 Multisim 10.0 中，搭建 RLC 串联正弦稳态交流仿真实验电路，如图 10.5 所示。

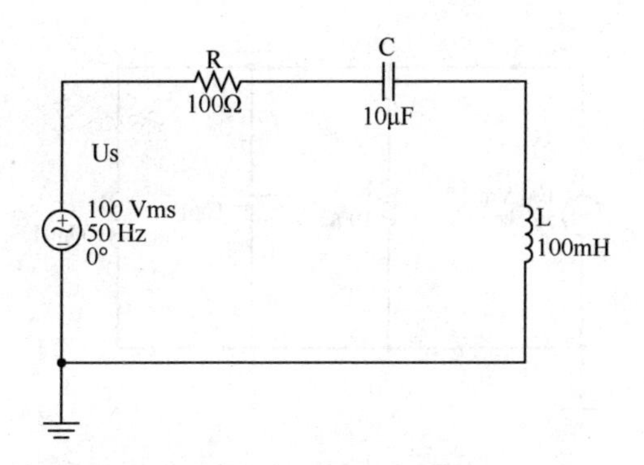

图 10.5　基尔霍夫电压定律相量形式仿真电路图

用相量法和基尔霍夫电压定律的相量形式分析，计算图 10.5 所示电路中的电流相量 $\dot{I}$（RLC 串联支路电流）和各元件两端的电压相量 $\dot{U}$（注：计算以 $\dot{I}$ 为参考相量），并将计算值填入表 10.5。讨论计算结果，验证基尔霍夫电压定律相量形式。

表 10.5　基尔霍夫电压定律相量形式数据表

		$\dot{U}_S$	$\dot{U}_R$	$\dot{U}_C$	$\dot{U}_L$	$\dot{I}$
理论计算值	相量模（有效值）					
	相量辐角					
仿真测量值	相量模（有效值）					
	相量辐角					

2．报告要求

（1）自主设计仿真测量电路，可参照表 10.5，测量各电压相量的模和辐角并记录。

（2）与理论值相比较，验证基尔霍夫电压定律适用在交流电路中的结论。

10.3.2　基尔霍夫电流定律相量形式仿真实验

1．实验内容

在 Multisim 10.0 中，搭建 RLC 并联正弦稳态交流实仿真实验电路，如图 10.6 所示。

用相量法和基尔霍夫电流定律的相量形式分析，计算图 10.6 所示电路中各支路的电流相量（注：计算以 $\dot{U}_S$ 为参考相量），并将计算值填入表 10.6。讨论计算结果，验证基尔霍夫电流定律相量形式（注：$\dot{I}_S$ 为流过电压源支路的电流）。

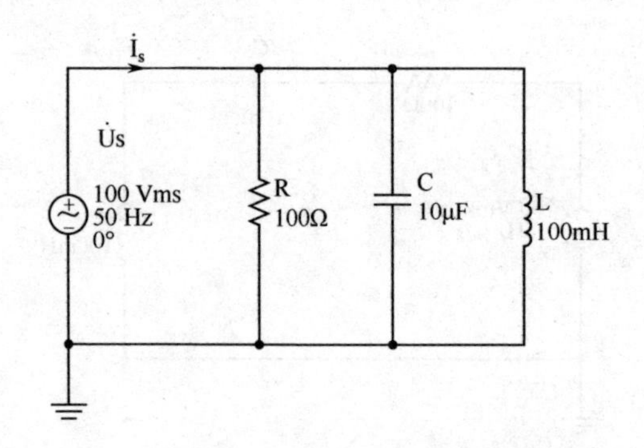

图 10.6　基尔霍夫电流定律相量形式仿真实验图

表 10.6　基尔霍夫电流定律相量形式理论计算数据

		$\dot{I}_R$	$\dot{I}_C$	$\dot{I}_L$	$\dot{I}_S$
理论计算值	相量模（有效值）				
	相量辐角				
仿真测量值	相量模（有效值）				
	相量辐角				

2. 报告要求

（1）自主设计仿真测量电路，可参照表 10.6，测量各支路电流相量的模和辐角并记录。

（2）与理论值相比较，验证基尔霍夫电流定律适用在交流电路中的结论。

实验延展与讨论

在实验过程中，结合理论知识及电路原理，试讨论以下问题。

1. 软件实验仿真过程中，多了解电子仿真平台的操作。
2. 讨论电路基本定律和定理，以及电路分析方法的内容，考虑直流和交流电路的异同点和要解决的问题。
3. 参照 RLC 并联电路的理论计算和仿真测量数据，试研究、分析、验证基尔霍夫电压定律的相量形式和相量法。

附录 A　实验报告撰写规范参考格式

设计型实验报告的撰写是电路基础实验的基本训练之一，要按照撰写规范的要求认真完成。实验报告的参考格式如下。

姓名＿＿＿＿＿　　班级＿＿＿＿＿　　学号＿＿＿＿＿
实验室＿＿＿＿＿　　实验日期＿＿＿＿＿　　节次＿＿＿＿＿

实验名称：＿＿＿＿＿＿＿＿＿＿＿＿（设计型）

1. 实验目的
2. 实验所需仪器设备及元器件（型号及个数）
3. 实验电路图
4. 理论分析或仿真分析结果（预习报告）
5. 详细实验步骤及实验测量数据记录
   （1）根据实验内容和所测参数，设计数据记录表格（或波形曲线）
   （2）数据处理和分析
   （3）绘制曲线，注意坐标系的选取
6. 实验结论
7. 实验出现的问题及解决对策
8. 本次实验的收获和体会、对电路实验室的意见或建议
9. 参考文献（可选）

教师签字＿＿＿＿＿　成绩＿＿＿＿＿

实验报告格式要求

（1）电路图、实验数据的表格和曲线等，请选择相应的坐标纸，并用铅笔进行绘制；其他请使用钢笔或油笔书写。

（2）要有对原始测试数据的分析，包括误差及其来源，以及坐标系的选取等。

（3）实验结论及心得不能少。

实验考核表的参考格式如下所示。

2015—2016 学年第一学期《电路/工基础实验》实验考核记录表　　　　班级 20150801

序号	学号	姓名	实验 1				实验 2				……				总成绩（100）
			预习	过程	报告	小计	预习	过程	报告	小计	预习	过程	报告	小计	
1															
2															
…															

实验考核办法

每个实验项目以满分计，由预习部分、操作过程和实验报告共同组成。

（1）预习分以预习报告为依据。

（2）操作过程以实验操作的规范性、过程中独立工作能力的体现为依据。

（3）实验报告以实验内容完成的数量、数据的准确性、分析的合理性、表格曲线的规范性、实验总结的全面性、文字表达的流畅性为依据。

附录 B　国际单位制

B.1　国际单位制的基本单位

量的名称	单位名称	国际符号	中文符号	备注
长度	米	m	米	Meter
质量	千克	kg	千克（公斤）	Kilogram
时间	秒	s	秒	Second
电流强度	安[培]	A	安	Ampere
热力学温度	开尔文	K	开	Kelvin
物质量	摩尔	mol	摩	Mole
光强	坎德拉	cd	坎	Candela

B.2　国际单位制的辅助单位

量的名称	单位名称	国际符号	中文符号	备注
平面角	弧度	rad	弧度	Radian
立体角	球面度	Sr	球面度	Steradian

B.3　电学量的国际单位制

量的名称	国际符号	中文名称	国际单位	备注
电流	I	安培	A	Ampere
电荷，电量	Q	库伦	C	Coulomb
电位、电压、电动势	V，U，ε	伏特	V	Volt
功率	P	瓦特	W	Wart
能量、功、热	W	焦耳	J	Joule
电容	C	法拉	F	Farad

续表

量的名称	国际符号	中文名称	国际单位	备注
电场强度	E	伏/米	V/m	Volt/meter
电感、自感	L	亨利	H	Henry
互感	M	亨利	H	Henry
磁通量	Φ	韦伯	Wb	Weber
磁场强度	H	安培/米	A/m	Ampere/meter
磁感应强度	B	特斯拉	T	Tesla
相移	φ	弧度	rad	Radium
频率	f	赫兹	Hz	Henrz
角频率、角速度	ω	弧度/秒	rad/s	Radium/second
阻抗	Z			
电阻	R	欧姆	Ω	Ohm
电抗	X			
导纳	Y			
电导	G	西门子	S	Siemens
电纳	B			

参考文献

[1] 王丽敏，邓舒勇. 电路仿真与实验. 哈尔滨：哈尔滨工程大学出版社，2002.

[2] 齐凤艳. 电路实验教程. 北京：机械工业出版社，2011.

[3] 潘岚. 电路与电子技术实验教程. 北京：高等教育出版社，2012.

[4] 马艳. 电路基础实验教程. 北京：电子工业出版社，2012.

[5] 孟涛. 电工电子 EDA 实践教程. 北京：机械工业出版社，2012.

[6] 刘东梅. 电路实验教程. 北京：机械工业出版社，2013.

[7] 陈凯，张弛，张忠民. 电工基础实验教程. 北京：电子工业出版社，2013.

[8] TFG 3000L 系列 DDS 函数信号发生器用户使用指南. 石家庄：数英电子科技有限公司，2010.

[9] SM2030 全自动数字交流毫伏表用户使用指南. 石家庄：数英电子科技有限公司，2010.

[10] RIGOL DS1000E、DS1000D 系列数字示波器用户手册. 北京：普源精电科技有限公司，2010.

[11] 沙占友. 新型数字万用表原理与应用. 北京：机械工业出版社，2006.

[12] 徐伟，徐钦民，谷海青. 电路实践指导教程. 北京：清华大学出版社，2008.

[13] 党宏社. 电路、电子技术实验与电子实训（第 2 版）. 北京：电子工业出版社，2012.

[14] 汪建. 电路实验（第 2 版）. 武汉：华中科技大学出版社，2010.

[15] 王宏江. 电路实验教程. 西安：西安电子科技大学出版社，2014.

参考文献

[1] [illegible]
[2] [illegible]
[3] [illegible]
[4] [illegible]
[5] [illegible]
[6] [illegible]
[7] [illegible]
[8] [illegible]
[9] [illegible]
[10] [illegible]
[11] [illegible]
[12] [illegible]
[13] [illegible]
[14] [illegible]
[15] [illegible]